記得到旗標創客‧
自造者工作坊
粉絲專頁按『讚』

國家圖書館出版品預行編目資料

FLAG'S 創客‧自造者工作坊：
物聯網感測器大應用 / 施威銘研究室 作
臺北市：旗標, 2018.06　面；　公分

ISBN 978-986-312-532-7(平裝)

1.微電腦　　2.電腦程式語言

471.516　　　　　　　　　　107006895

作　　者/施威銘研究室

發 行 所/旗標科技股份有限公司

　　　　　台北市杭州南路一段15-1號19樓

電　　話/(02)2396-3257(代表號)

傳　　真/(02)2321-2545

劃撥帳號/1332727-9

帳　　戶/旗標科技股份有限公司

監　　督/黃昕暐

執行企劃/周詠運

執行編輯/周詠運

美術編輯/薛詩盈

封面設計/古鴻杰

校　　對/黃昕暐‧周詠運

行政院新聞局核准登記-局版台業字第 4512 號

ISBN 978-986-312-532-7

版權所有‧翻印必究

Contents

fritzing

CHAPTER 01

D1 mini 快速入門

智慧物聯網中心

創客／自造者／Maker 這幾年來快速發展，已蔚為一股創新的風潮。由於各種相關軟硬體越來越簡單易用，即使沒有電子、機械、程式等背景，只要有想法有創意，都可輕鬆自造出新奇、有趣、或實用的各種作品。

而物聯網也是最近來很熱門的主題，所謂的物聯網可以想像成就是把所有裝置都連上網路，使用者可以透過網路來監控、操作那些裝置，甚至裝置間可互相溝通，自動完成工作。例如本套件中的智慧盆栽即可透過網路來監看盆栽的土壤濕度，也可以進行遠端澆水，這就是物聯網的基本概念。

要做到上述功能，除了需要土壤濕度感測器及澆水裝置外，還需要一個智慧中心，幫我們取得感測數值送上網路並控制澆水裝置。這個智慧中心一般就使用單晶片開發板來達成，在種類繁多的開發板中，本套件選用的是 D1 mini，接下來就來認識 D1 mini 吧！

1-1　認識 D1 mini

D1 mini 是一片單晶片開發板，你可以將它想成是一部小電腦，可以執行透過程式描述的運作流程，並且可藉由兩側的輸出入腳位控制外部的電子元件，或是從外部電子元件獲取資訊。只要使用稍後會介紹的杜邦線，就可以將電子元件連接到輸出入腳位。

另外 D1 mini 還具備 Wi-Fi 連網的能力，可以將電子元件的資訊傳送出去，也可以透過網路從遠端控制 D1 mini。

要操控 D1 mini 必須透過寫程式，接著就來看看旗標獨家開發的程式設計軟體。

輸出入腳位旁邊都有標示編號

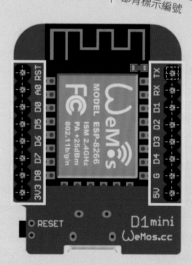

1-2 使用 Flag's Block 開發程式

為了降低學習程式設計的入門門檻，旗標公司特別開發了一套圖像式的積木開發環境 - Flag's Block，有別於傳統文字寫作的程式設計模式，Flag's Block 使用積木組合的方式來設計邏輯流程，加上全中文的介面，能大幅降低一般人對程式設計的恐懼感。

安裝與設定 Flag's Block

請使用瀏覽器連線 http://www.flag.com.tw/download.asp?FM609A 下載 Flag's Block，下載後請雙按該檔案，如下進行安裝：

⚠ macOS 使用者請連線至旗標創客官網 https://www.flag.com.tw/maker 再由上方選單『軟體下載』參照『Flag's Block 安裝說明手冊』，並點選『Flag's Block macOS 版』進行下載。

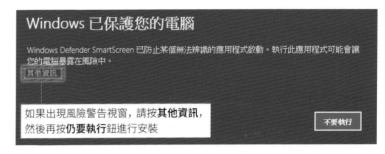

如果出現風險警告視窗，請按**其他資訊**，然後再按**仍要執行**鈕進行安裝

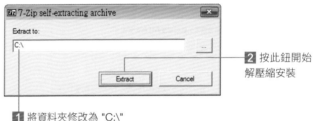

2 按此鈕開始解壓縮安裝

1 將資料夾修改為 "C:\"

安裝完畢後，請執行『**開始 / 電腦**』命令，切換到 "C:\FlagsBlock" 資料夾，依照下面步驟開啟 Flag's Block 然後安裝驅動程式：

1 雙按 **Start.exe** 檔案

若出現 **Windows 安全性警訊** (防火牆)
的詢問交談窗, 請選取**允許存取**

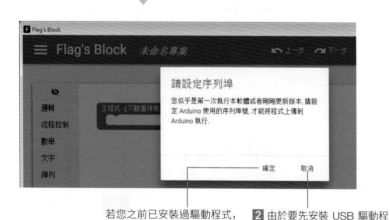

若您之前已安裝過驅動程式,
可按**確定**鈕直接進行設定

2 由於要先安裝 USB 驅動程
式, 請按取消鈕關閉交談窗

3 按此鈕開啟選單　　**4** 按『**安裝驅動程式**』命令

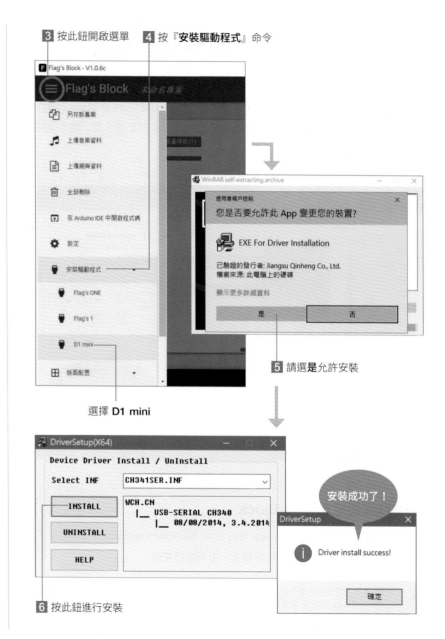

選擇 **D1 mini**

5 請選**是**允許安裝

6 按此鈕進行安裝

安裝成功了!

連接 Wemos D1 mini

開發程式前，先用套件所附的 USB 線來連接電腦與 D1 mini。

接著在電腦左下角的開始圖示上按右鈕執行『**裝置管理員**』命令 (Windows 10 系統)，或執行『**開始 / 控制台 / 系統及安全性 / 系統 / 裝置管理員**』命令 (Windows 7 系統)，來開啟裝置管理員，尋找 D1 mini 控制板使用的序列埠：

請注意，使用不同的電腦，或是連接到不同的 D1 mini 控制板，其序列埠編號都可能不同

2 尋找並記下 D1 mini 控制板使用的序列埠編號 (顯示的名稱是 USB-SERIAL CH340, COM7 表示序列埠編號為 7)

1 展開**連接埠**項目

1 按此鈕開啟選單

2 執行『**設定**』命令

3 從下拉式選單選擇剛剛記下的序列埠編號

4 選擇 Wemos D1 mini

5 設定完畢後按此鈕返回

目前已經完成安裝與設定工作，稍後我們就可以使用 Flag's Block 開發 D1 mini 程式。

1-3 基礎硬體介紹

本章將練習透過 D1 mini 開發板來點亮 LED 燈，
在這之前，我們先簡單介紹會用到的電子元件與相關知識。

電阻

我們通常會用電阻來限制電路中的電流，
以避免因電流過大而燒壞元件 (每種元件
的電流負荷量不盡相同)。本章節所使用
電阻為 220Ω，目的就是限制流過 LED
的電流，以免電流過大而燒壞 LED。

⚠ Ω (歐姆) 為電阻值的單位。

麵包板

麵包板的表面有很多的插孔。插孔下方有相連的金屬
夾，當零件的接腳插入麵包板時，實際上是插入金屬
夾，進而和同一條金屬夾上其他插孔的零件接通，在
LAB01 我們需要麵包板來連接 LED 與電阻。

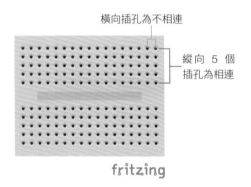

橫向插孔為不相連

縱向 5 個
插孔為相連

fritzing

LED

LED，中文為發光二極體，具有一長一短兩隻接腳，若要
讓 LED 發光，則需對長腳接上高電位，短腳接低電位，像
是水往低處流一樣產生高低電位差讓電流流過 LED 即可
發光。LED 只能往一個方向導通，若接反則稱逆向偏壓，
LED 不會發光。

如圖所示，電池的正極代表高電位，負極代表低電位，如
此接上 LED 後，電流流過 LED 即可發亮。稍後的實驗
中，我們將用 D1 mini 來模擬電池的作用，讓 LED 短腳接
D1 mini 的 G 腳位 (相當於電池的負極)，另外用輸出腳位
來給 LED 長腳高電位或低電位，若給高電位則導通發光，
若給低電位則不會發光。

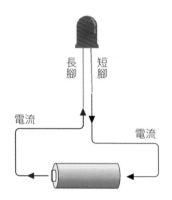

長腳　短腳

電流　　　　　電流

杜邦線與排針

杜邦線即可以導電的電線，套件所附的是一公一母杜邦
線，用來連接 LED、D1 mini、與電阻。後面的 LAB 也許
需要用到雙公杜邦頭，所以套件內有附排針，可以將杜邦
的母頭變公頭。

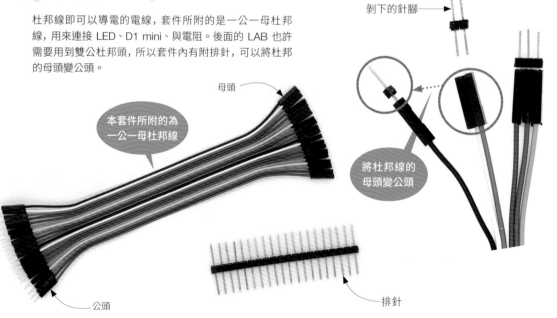

本套件所附的為
一公一母杜邦線

母頭

剝下的針腳

將杜邦線的
母頭變公頭

公頭

排針

Lab01

小試身手 點亮 LED	
實驗目的	1. 練習使用 Flag's Block 寫程式 2. 學習外接 LED 燈搭配 220Ω 電阻的佈線技巧 3. 學習使用數位輸出來控制 LED 燈，並利用延遲及改變輸出狀態的積木，讓 LED 達到閃爍效果
材料	● D1 mini 開發板　● LED 燈 ● 220 歐姆電阻　● 杜邦線若干 ● 麵包板

接線圖

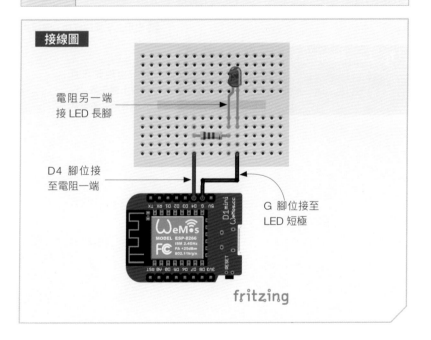

電阻另一端
接 LED 長腳

D4 腳位接
至電阻一端

G 腳位接至
LED 短極

■ 設計原理

讓 LED 維持頻率 1 秒的閃爍，我們將這件事分成 4 個步驟：

1. D1 mini 的輸出腳位輸出高電位給 LED 長腳，點亮 LED

2. 程式暫停，維持發光狀態 1 秒

3. D1 mini 的輸出腳位輸出低電位給 LED 長腳，熄滅 LED

4. 程式暫停，維持熄滅狀態 1 秒，然後回到步驟 1 重複相同流程

■ Flag's Block 設計程式

請先啟動 Flag's Block 程式，然後如下操作：

1 在左方**數位輸出**目錄中找到**設定腳位 D0 電位為高電位**積木，並放入右方主程式積木中：

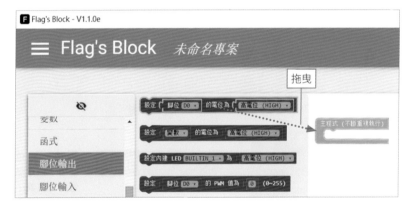

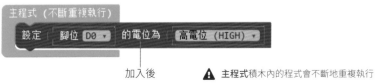

加入後　　　⚠ **主程式**積木內的程式會不斷地重複執行

7

2 按腳位欄位的向下箭頭，選擇腳位 **D4**

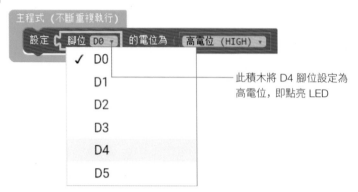

此積木將 D4 腳位設定為
高電位，即點亮 LED

3 使用暫停積木，讓 LED 維持點亮狀態 1 秒：

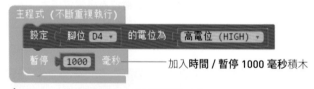

加入**時間 / 暫停 1000 毫秒**積木

⚠ 毫秒為 1/1000 秒，所以 1000 毫秒即為 1 秒

4 設定腳位 D4 為低電位，即熄滅 LED，並暫停 1 秒：

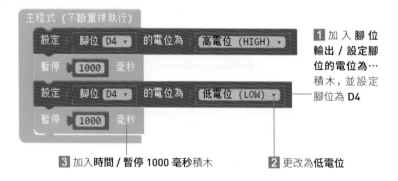

1 加入**腳位
輸出 / 設定腳
位的電位為…**
積木，並設定
腳位為 **D4**

3 加入**時間 / 暫停 1000 毫秒**積木

2 更改為**低電位**

5 完成後儲存專案，然後確認 D1 mini 板已用 USB 線接至電腦，按橘色
箭頭按鈕將程式上傳：

1 儲存專案為 "Lab01"

2 點擊進行程式上傳

3 出現此訊息即成功上傳程式

若只出現此訊息
代表上傳失敗，程
式碼有誤，請檢察

CHAPTER **02**

遺失物協尋裝置

這一章我們要設計一個協尋遺失物的裝置，可以和你常會忘記在哪裡的東西，像是鑰匙圈等套在一起，一旦找不到東西時，只要拿出手機搜尋協尋裝置的訊號，再利用瀏覽器就可以讓它發出聲響，馬上找到遺失的東西。

要設計這樣的裝置，我們採取簡單的作法。首先，讓上一章使用過的 D1 Mini 開發板接上可自由控制發出聲響的蜂鳴器；另外，我們也把 D1 mini 開發板變成無線網路基地台以及網站，讓我們可以搜尋它的無線網路訊號，並且可以開啟網頁下指令讓它發出聲響。

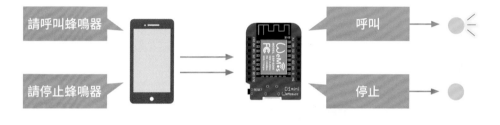

2-1 蜂鳴器

蜂鳴器有一長一短兩隻接腳，只要將長腳接正極，短腳接負極供電給蜂鳴器，蜂鳴器就會發出聲音囉！

就像第 1 章我們使用數位輸出來點亮或熄滅 LED 燈，蜂鳴器也可以使用數位輸出來控制它大叫或安靜。

短腳請接負極

長腳請接正極

蜂鳴器上面的貼紙是生產過程的輔助品，請將其撕掉，聲音會比較大

2-2 認識 D1 mini 的 AP 模式

因為我們想要用瀏覽器從遠端控制蜂鳴器，所以需要把 D1 mini 開發板變成無線網路基地台以及網站，接下來將講解基本知識與如何建立。

■ Access Point 無線熱點 (AP) 模式

D1 mini 具有無線網路基地台功能，可扮演網路服務的中心，而手機可以透過連上 D1 mini 提供的網路來與 D1 mini 溝通。

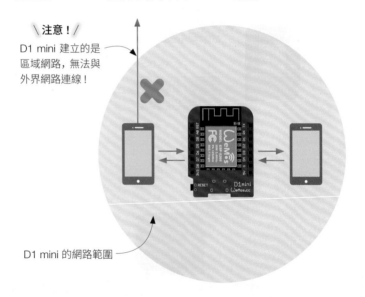

\注意！/
D1 mini 建立的是區域網路，無法與外界網路連線！

D1 mini 的網路範圍

■ 用 Flag's Block 建立無線網路 (AP)

建立無線網路只要使用 **ESP8266 無線網路 / 建立名稱 ... 的無線網路**積木即可：

> 建立名稱： " ESP8266 " 密碼： " ● " 頻道： 1 ▾ 的 (● 隱藏) 無線網路

個別欄位的說明如下：

名稱	無線網路的名稱 (SSID)，也就是使用者在挑選無線網路時看到的名稱
密碼	連接到此無線網路時所需輸入的密碼，如果留空，就是開放網路，不需密碼即可連接 (至少需要 8 個字元)
頻道	無線網路採用的無線電波頻道 (1~13)，如果發現通訊品質不好，可以試看看選用其他編號的頻道
隱藏	如果希望這個網路只讓知道名稱的人連接，不讓其他人看到，請打勾

這個積木會回傳網路是否建立成功？實際使用時，通常搭配**流程控制 / 持續等待**積木組合運用：

> 持續等待，直到 建立名稱： " ESP8266 " 密碼： " ● " 頻道： 1 ▾ 的 (● 隱藏) 無線網路

持續等待積木會等待右側相接的積木運作回報成功才會往下一個積木執行，所以會等到無線網路建立成功，程式才會繼續往下執行。建立無線網路後，D1 mini 的 IP 位址為 192.168.4.1。

■ 用 Flag's Block 建立網站

首先要啟用網站：

> 使用 80 號連接埠 啟動網站

連接埠編號就像是公司內的分機號碼一樣，其中 80 號連接埠是網站預設使用的編號。如果更改編號，稍後在瀏覽器鍵入網址時，就必須在位址後面加上 ": 編號 "，例如編號改為 5555，網址就要寫為 "192.168.4.1:5555"，若保留 80 不變，網址就只要寫 "192.168.4.1"。

啟用網站後，手機連上 D1 mini 提供的無線網路，在瀏覽器輸入網址 (IP 位址)，即可連線到網站。

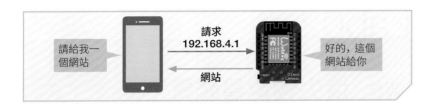

啟用網站後，還可以決定如何處理接收到的指令 (也稱為『請求 (Request)』)，這可以透過以下積木完成：

路徑欄位就是路徑的名稱，可用『/』分隔名稱做成多階層架構。不同路徑可有對應的專門處理方式。在瀏覽器的網址中指定路徑的方式就像這樣：

```
http://192.168.4.1/call
```

對應路徑的處理工作則是交給前面的**函式欄位**來決定，每一個路徑都必須先準備好對應的處理函式。開發程式時，我們通常會把一些功能獨立出來，寫成一個函式，需要用到的時候，執行函式即可，方便管理與維護。

要建立函式，可使用**函式 / 定義函式**積木來完成：

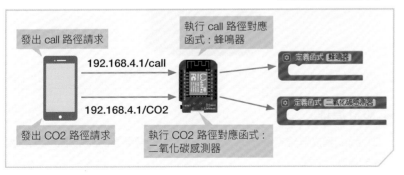

尾端的 "/call" 就是路徑。如果這個請求還需要額外的資訊，可以透過參數來傳遞，加入參數的方式如下：

```
http://192.168.4.1/call?buzzer=ON
```

尾端從問號之後的就是參數，由『參數名稱 = 參數內容』格式指定。如此即可根據參數內容來對 D1 mini 做不同的操作。

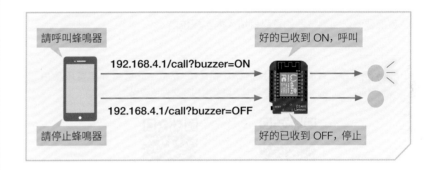

如需要多個參數，參數之間要用『&』串接，例如：

```
http://192.168.4.1/call?dog=B&cat=2
```

上例中就有 dog 和 cat 兩個參數。

在處理網站指令的函式中，可以使用以下積木來取得參數：

這兩個積木可以告訴我們是否有指定名稱的參數？也可以取得指定名稱參數的內容。

接收到請求可以使用以下積木傳送資料回去給發出請求的瀏覽器：

狀態碼預設為 200，表示請求執行成功。

如果傳送的文字是純文字．MIME 格式欄位就要填入 "text/plain"；如果傳回的是 HTML 網頁內容，就要填入 "text/html"。

實際要傳送回瀏覽器的資料就填入內容欄位內。

軟體補給站！ 有關可用的狀態碼、MIME 格式，或是設計網頁所使用的 HTML 語言等等，可參考相關文件或教學：

HTTP 狀態碼
https://goo.gl/a94q5M

HTML 教學
https://goo.gl/rquLec

上述動作只是建立與啟用網站，網站的內容會放在網站內容檔，在本章稍後的 LAB02 會講解如何修改範例網站內容檔，並將網頁內容檔上傳給 D1 mini。

為了讓剛剛建立的網站運作，我們還需要在主程式 (不斷重複執行) 中加入**讓網站接收請求**積木，才會持續檢查是否有收到新的請求，並進行對應的處理工作。

主程式 (不斷重複執行)
讓網站接收請求

Lab02

實作 **遺失物協尋裝置**

實驗目的	1. 建立 D1 mini 無線網路 2. 建立 D1 mini 網站 3. 向 D1 mini 網站發送請求指令，控制蜂鳴器
材料	● D1 mini　　　　● 蜂鳴器 ● 麵包板　　　　● 杜邦線若干

接線圖

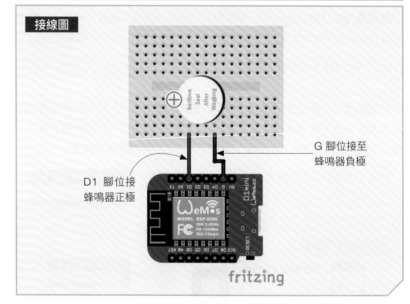

G 腳位接至
蜂鳴器負極

D1 腳位接
蜂鳴器正極

■ 設計原理

D1 mini 建立無線網路與網站後，不斷等待外部裝置的請求，依據請求內容控制蜂鳴器開關。

網頁程式設計

接下來將講解我們提供的範例網頁程式檔：

1 請先找到位於 FlagsBlock / www 資料夾內的 IoT_LAB2_test.h 檔案，然後按右鍵以記事本開啟：

2 在記事本內可以看到：

```
static const char mainPage[] PROGMEM = u8R"(…………)";
```

我們的網站內容會放置在 ( ) 刮弧之間

3 在範例網頁中，包含 2 種內容：

- **文字標籤**：以 <p> 與 </p> 包圍而成，在標籤之間可以打上你想呈現在網頁上的文字。

<p>你好，這是王小明遺失的物品，撿到請聯絡電話:0911123456，謝謝</p>

- **超連結標籤**：以 <a> </a> 包圍而成，可以建立超連結

```
<a href='call?buzzer=ON'>呼叫蜂鳴器</a>
<a href='call?buzzer=OFF'>關閉蜂鳴器</a>
```
超連結網址，即對 D1 mini 的請求路徑，並傳送內容為 ON 或 OFF 的參數給 D1 mini

等等完成積木程式後，即可透過 Flag's Block 開發環境來上傳此網頁檔給 D1 mini。

Flag's Block 設計程式

上述設定好網頁程式檔後，接下來我們要在 Flag's Block 中建立無線網路，也將網站建立在 D1 mini 上接收請求，進以控制蜂鳴器：

1 建立 D1 mini 的 無線網路：

1 加入 **流程控制 / SETUP** 設定積木
2 加入 **流程控制 / 持續等待，直到** 積木
3 加入 **ESP8266 無線網路 / 建立名稱** 積木

程式流程架構

D1 mini 開機後會先執行 SETUP
設定積木內的程式一次，結束後
則不斷重複執行主程式積木內的
程式。

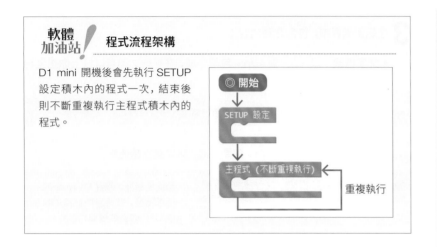

2 建立網站的路徑請求的機制，啟動網站，並將連接於腳位 D1 的蜂鳴器
設為低電位，關閉蜂鳴器：

1 加入 **ESP8266 / 讓網站使用…的路徑請求**積木

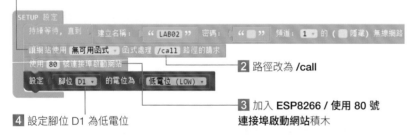

2 路徑改為 **/call**

3 加入 **ESP8266 / 使用 80 號
連接埠啟動網站**積木

4 設定腳位 D1 為低電位

⚠ 注意：因為還未建立處理指令的函式，所以處理請求的積木中第一個欄位顯示無可用函式。

3 接下來我們將使用變數積木，你可以將變數想像成一個有名稱的盒子，盒
子裡面可以存放資料，我們就可以用有意義的名稱來代表那些資料。以下
建立一個名為**開關狀態**的變數，稍後將用來存放請求中的參數內容：

1 加入 **變數 / 設定變數的初值為**積木

3 輸入開關狀態

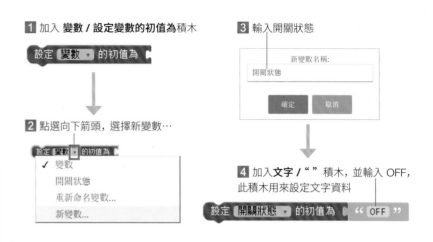

2 點選向下箭頭，選擇新變數…

4 加入**文字 / " "** 積木，並輸入 OFF，
此積木用來設定文字資料

5 如此我們就設定了一個名為開關狀態的變數，變數內存著 OFF 字串，將
此積木放在 **SETUP 設定**積木內。

6 建立接收 /call 路徑請求後，對應執行的函式：

1 加入**函式 / 定義函式**積木

2 修改函式名稱為**蜂鳴器**

7 在函式中判斷請求中是否含有名稱為 `buzzer` 的參數，如果有則將 **buzzer** 參數內容存放到**開關狀態**變數：

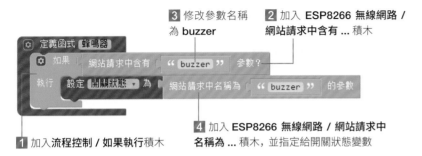

3 修改參數名稱為 buzzer

2 加入 ESP8266 無線網路 / 網站請求中含有 ... 積木

1 加入**流程控制 / 如果執行**積木

4 加入 ESP8266 無線網路 / 網站請求中名稱為 ... 積木，並指定給開關狀態變數

8 加入依據**開關狀態**變數切換蜂鳴器的積木：

1 加入**如果…否則如果…**積木

2 點選左上角齒輪

3 將否則如果小積木拉至右邊接上

⚠ 因**開關狀態**只有兩種可能 (on 或 off)，所以其實用**否則**小積木即可，但為了方便說明理解，還是用**否則如果**小積木。

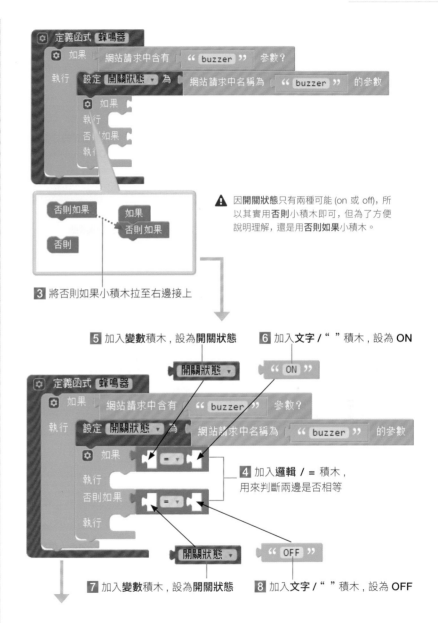

5 加入**變數**積木，設為**開關狀態**

6 加入**文字 / " "** 積木，設為 **ON**

4 加入**邏輯 / =** 積木，用來判斷兩邊是否相等

7 加入**變數**積木，設為**開關狀態**

8 加入**文字 / " "** 積木，設為 **OFF**

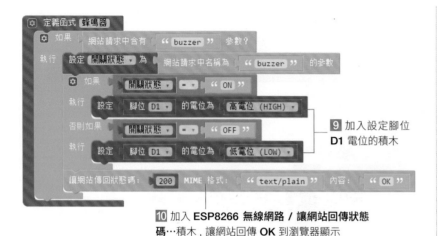

9 加入設定腳位 **D1** 電位的積木

10 加入 **ESP8266 無線網路 / 讓網站回傳狀態碼**…積木，讓網站回傳 **OK** 到瀏覽器顯示

9 建立好**蜂鳴器**函數後即可更改**讓網站使用**…積木的第 1 個欄位的函數，即若接受到 **/call** 的路徑要求，則執行**蜂鳴器**函數：

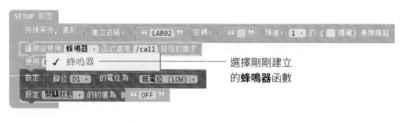

選擇剛剛建立的**蜂鳴器**函數

10 在主程式積木內，放入 **ESP8266 / 讓網站接收請求**積木，不斷等待外部裝置發送請求：

放入 **ESP8266 / 讓網站接收請求**積木

11 積木完成後，我們要先上傳剛剛練習的網頁檔給 D1 mini，網頁上傳後，才可以上傳積木程式：

1 點開此選單

2 點選上傳網頁資料

3 選擇 IoT_LAB2_test.h

4 上傳積木程式

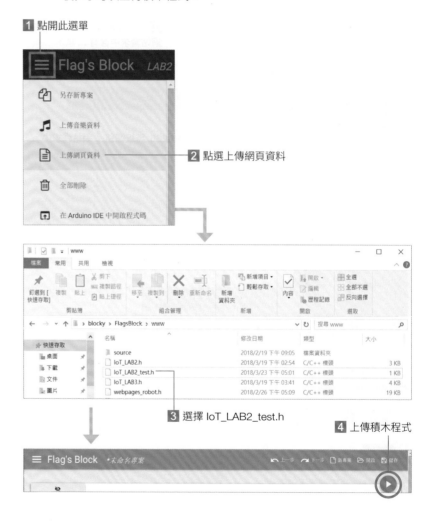

12 燒錄完畢後,打開手機或筆電搜尋無線網路,名稱為剛剛設定的 LAB02 進行連線:

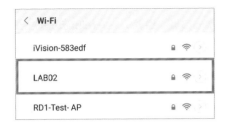

我們亦提供一份較精美版本的網頁,功能與上述大同小異,若讀者對網頁程式有更深的興趣,可參考我們提供的程式碼學習。檔案在 flagsblock/www/IoT_LAB2.h,使用方式跟上述相同,在上傳程式到 D1 mini 之前,先上傳此份網頁資料到 D1 mini 上。

13 連線後,開啟瀏覽器,在網址列輸入 192.168.4.1,向 D1 mini 要求一份網頁:

14 成功後,即出現 D1 mini 提供的網頁:

15 點選文字超連結即發送請求給 D1 mini:

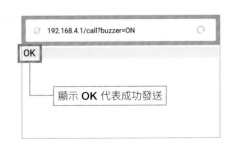

CHAPTER 03

吹氣燈

換個更酷的方式打開燈吧！只要吹一口氣，燈就亮了！而且還可以透過手機與燈連線，遠端查看燈有沒有忘記關喔！

在這章節裡，我們將學習使用聲音感測器來讓 D1

mini 知道吹一口氣的聲音變化，根據聲音變化來打開或關掉燈，並且將燈的開關狀態回傳至手機瀏覽器顯示。

3-1　聲音感測器

聲音感測器可以幫我們偵測周圍的聲音變化。前方黑色的麥克風就是感測聲音的地方，感測器上有一個

旋鈕，可以調整感測聲音的靈敏度，而後方有三個接腳分別是 VCC、GND、OUT：

靈敏度旋鈕

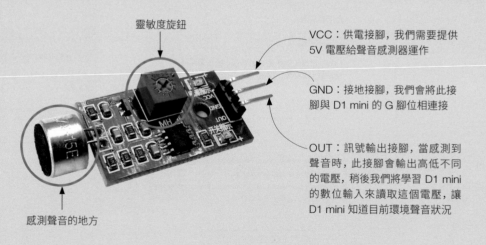

VCC：供電接腳，我們需要提供 5V 電壓給聲音感測器運作

GND：接地接腳，我們會將此接腳與 D1 mini 的 G 腳位相連接

OUT：訊號輸出接腳，當感測到聲音時，此接腳會輸出高低不同的電壓，稍後我們將學習 D1 mini 的數位輸入來讀取這個電壓，讓 D1 mini 知道目前環境聲音狀況

感測聲音的地方

■ 靈敏度旋鈕說明

旋鈕可以控制感測器對於聲音的靈敏度，待會接完吹氣燈電路後，若出現不正常現象，可依照下列步驟，將靈敏度調整至正確位置：

1. 先將感測器的麥克風頭朝上。

2. 接著將旋鈕順時針旋轉到底，此時感測器左方的燈會熄滅 (此燈在板子上寫有開關指示)。

3. 開始慢慢逆時針旋轉，你會看到左燈由暗轉為閃爍。

4. 繼續逆時針旋轉，直到左燈維持亮起、不再閃爍時停止轉動旋鈕，對麥克風吹氣，檢查 LED 是否正常作動。

5. 接著對麥克風吹氣，檢查由 D1 mini 控制的 LED 燈是否正常作動 (吹一下會亮燈、再吹一下會熄燈)。

6. 若 LED 燈仍不正常作動，則繼續逆時針旋轉微調，並重複步驟 5、6 直到正常作動。

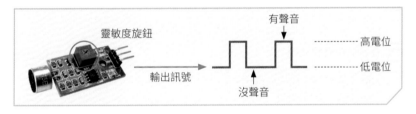

3-2 D1 mini 的數位輸入腳位

聲音感測器的 OUT 接腳只會輸出高電位或低電位，我們稱此為數位訊號，要讓 D1 mini 讀取數位訊號，需要使用到 D1 mini 的數位輸入腳位，只要使用以下的 Flag's Block 積木即可達成：　　讀取　腳位 D1 ▾ 的電位高低

此積木位於**腳位輸入**欄位中，可以設定腳位 D1 做為數位輸入腳位，並讀取腳位 D1 接收到的電位高低。將聲音感測器的 OUT 接腳接至 D1，如此便可讀取聲音感測器輸出的數位訊號。

Lab03

實作 吹氣燈

實驗目的	1. 利用數位輸入來讀取聲音感測器數位訊號
	2. 建立網站並將 LED 燈的狀態每一秒更新回傳至手機瀏覽器顯示
材料	● 聲音感測器　　　● 麵包板 ● D1 mini 開發板　● LED 燈 ● 220 歐姆電阻　　● 杜邦線若干

接線圖

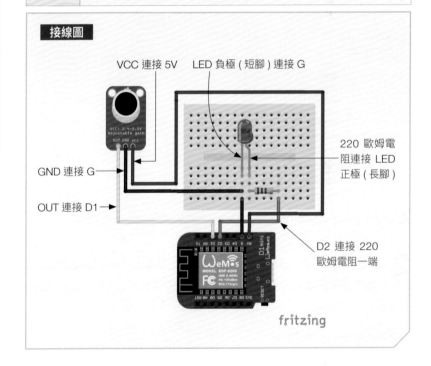

VCC 連接 5V　　LED 負極 (短腳) 連接 G

220 歐姆電阻連接 LED 正極 (長腳)

GND 連接 G

OUT 連接 D1

D2 連接 220 歐姆電阻一端

fritzing

19

■ 設計原理

D1 mini 會不斷讀取聲音感測器的值，當聲音滿足切換開關條件時，切換 LED 開關。同時，若接收到 **/state** 的路徑請求，會將開關狀態傳送至瀏覽器顯示。

■ 網站程式設計

網站設計的機制是每一秒會自動向 D1 mini 發送一個 **/state** 的路徑請求，並將 D1 mini 回傳過來的資料，透過 JavaScript 程式碼來呈現在網站上。

1 請在 FlagsBlock/www 資料夾中找到 IoT_LAB3_test.h 檔案，按滑鼠右鍵以記事本方式開啟：

⚠ 可以把 JavaScript 程式碼想成網站的控制中心，可以動態的改變網頁的內容呈現。

2 \<body\> 中有一個 \<p\> 標籤，並設定了 id，稍後我們要用 JavaScript 程式來透過這個 id 找到標籤 \<p\>，改變他的文字內容，目前是呈現一個問號：

```
設定 id 為 'SW'    文字內容
<p id='SW'>?</p>
```

3 \<body\> 中有一個 \<script\> 標籤，在此標籤中，可以撰寫 Java Script 程式碼來控制網頁的內容：

```
<script>         </script>

        ↑
撰寫程式碼在這裡面
```

4 在 \<script\> 標籤內有一個名為 **request** 函式，準備將發送請求與接收 D1 mini 傳來的訊息的程式碼寫進這個函式中：

```
<script type='text/javascript'>
    function request(){


    }
</script>
```

⚠ JavaScript 的函式與第 2 章使用過的函式是類似的概念，可以將某功能寫成一個函式

5 在函式中有程式碼：

```
<script type='text/javascript'>
    function request(){
        var xhttp = new XMLHttpRequest();
        xhttp.onreadystatechange = function(){
            if(this.readyState == 4 && this.status == 200){
                if(this.responseText == 'on')          ◄1
                    document.getElementById('SW').innerHTML = '開啟';  ◄2
                else
                    document.getElementById('SW').innerHTML = '關閉';  ◄3
            }
        };
        xhttp.open('GET', '/state', true);          ◄4
        xhttp.send();◄
    }
</script>
```

1 **this.responseText** 是 D1 mini 傳過來的資料，判斷是否為 'on'

2 若是 on 則將 id 為 ' **SW** ' 的文字標籤改成 ' **開啟** '

3 若不是 on 則將 id 為 ' **SW** ' 的文字標籤改成 ' **關閉** '

4 發送 **/state** 的請求路徑給 D1 mini

⚠ 發出請求的程式碼在這裡不詳加細說，有興趣的讀者可參考 https://www.w3schools.com/xml/xml_http.asp

6 我們希望每一秒得到一次 D1 mini 傳來的資訊，所以希望 request 函式每一秒可以執行一次。使用 **setInterval** 函式可以設定某個時間間隔就會執行某個函式一次：

```
<script type='text/javascript'>
    function request(){
        ….步驟 5 的程式碼
    }
    setInterval(request, 1000);
</script>
```
每 1000 毫秒
執行 request 函式

■ Flag's Block 設計程式

　　空間中總是有某些雜訊，讓聲音感測器偶爾就會覺得聽到聲音，這與聲音感測器的靈敏度有關，我們調整的靈敏度大概使聲音感測器在 1 秒內不會出現 5 次雜訊以上。而我們的吹氣聲音對於聲音感測器是一種連續的聲音，是 1 秒超過 5 次以上的聲音，程式將用此依據來分辨雜訊與吹氣聲。

　　建立無線網路與網站後，D1 mini 不斷讀取聲音感測器的訊號，當讀取到第一個高電位時 (代表聽到聲音)，我們要開始計時倒數 1 秒，在這 1 秒內如果又感測到聲音 4 次時，才切換 LED 開關 (共 5 次)。

1 如同 LAB02 一樣建立無線網路與啟用網站：

建立名稱為 LAB03 的 無線網路

設定請求路徑為 /state

⚠ 注意：因為還未建立處理指令的函式，所以第一個欄位顯示無可用函式，稍後完成函式積木後才可以選)

2 LED 的開關由 **D2** 腳位來控制，一開始我們先設為**低電位**，將 LED 關閉：

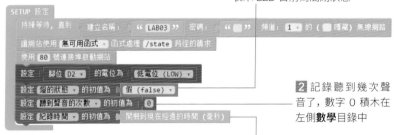

加入**數位輸出 / 設定腳位的電位為**積木，並設定為腳位 **D2**，電位為**低電位**

3 接下來建立如下 3 個變數：

1 用來記錄 LED 燈現在是開還是關的狀態，我們設定為**假 (false)**，表示 LED 目前為關閉狀態

2 記錄聽到幾次聲音了，數字 0 積木在左側**數學**目錄中

3 建立**紀錄時間**變數，初值設定為**時間 / 開機到現在經過的時間 (毫秒)** 積木，稍後用此變數紀錄開始倒數的時間點，依照與此時間點的差距計算持續時間

⚠ 真 (true)、假 (false)，稱為布林資料型態，其狀態只有這兩種，我們通常用它來處理是非題的問題。

4 加入函式根據燈的狀態回傳對應的文字給瀏覽器：

1 加入**函式 /
定義函式**積木

2 命名為**傳送
燈狀態給網頁**

4 加入**邏輯 / =** 積
木來判斷燈的狀態

5 加入 **ESP8266 無線
網路 / 讓網站回傳狀態
碼**積木，更改內容為 **on**

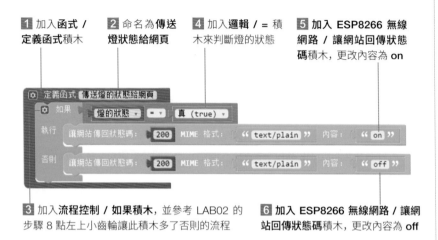

3 加入**流程控制 / 如果**積木，並參考 LAB02 的
步驟 8 點左上小齒輪讓此積木多了否則的流程

6 加入 **ESP8266 無線網路 / 讓網
站回傳狀態碼**積木，更改內容為 **off**

5 完成函式積木後，即可在上面加入的**讓網站使用…函式處理**積木中選擇
此函式作為接收到 **/state** 請求路徑後會執行的函式：

讓網站使用 傳送燈的狀態給網頁 函式處理 /state 路徑的請求
　　✓ 傳送燈的狀態給網頁

6 在**主程式**積木中，判斷是否聽到聲音：

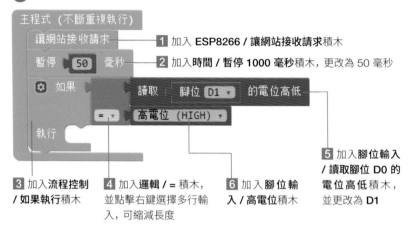

1 加入 **ESP8266 / 讓網站接收請求**積木

2 加入**時間 / 暫停 1000 毫秒**積木，更改為 50 毫秒

3 加入**流程控制
/ 如果執行**積木

4 加入**邏輯 / =** 積木，
並點擊右鍵選擇多行輸
入，可縮減長度

6 加入**腳位輸
入 / 高電位**積木

5 加入**腳位輸入
/ 讀取腳位 D0 的
電位高低**積木，
並更改為 **D1**

7 判斷是否在倒數一秒內：

1 加入**流程控制 / 如果執行**積木，
並點擊小齒輪增加否則小積木

3 加入**邏輯 / +** 積
木，點擊向下箭頭更
改為減法 (-) 符號，
並右鍵選擇多行輸入

4 加入**時間 / 開機
到現在經過的時間
(毫秒)** 積木

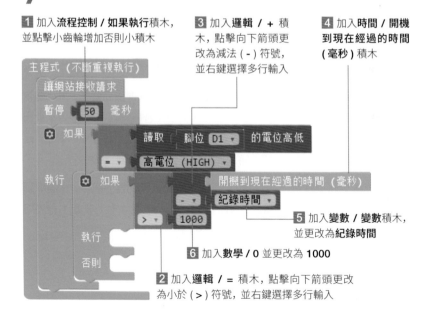

5 加入**變數 / 變數**積木，
並更改為**紀錄時間**

6 加入**數學 / 0** 並更改為 **1000**

2 加入**邏輯 / =** 積木，點擊向下箭頭更改
為小於 (>) 符號，並右鍵選擇多行輸入

8 當不在倒數一秒狀態內時，重置變數：

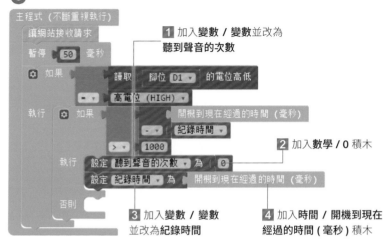

1 加入**變數 / 變數**並改為**聽到聲音的次數**

2 加入**數學 / 0** 積木

3 加入**變數 / 變數**並改為**紀錄時間**

4 加入**時間 / 開機到現在經過的時間 (毫秒)** 積木

9 當在倒數一秒狀態內時，累加變數**聽到聲音的次數**，若次數達 4 次則切換 LED 燈的開關，我們先組好以下積木，再放回**步驟 8** 的否則區塊：

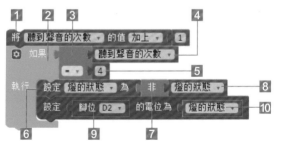

1 加入**數學 / 將變數的值加上 1** 積木，第一個欄位更改為**聽到聲音的次數**

2 加入**如果 / 執行**積木

3 加入**邏輯 / =** 積木，並右鍵選擇多行輸入

4 加入**變數 / 變數**積木，並更改為**聽到聲音的次數**

5 加入**數學 / 0** 積木，並更改為 **4**

6 加入**變數 / 設定變數為**積木，並更改為**燈的狀態**

7 加入**邏輯 / 非**，讓布林變數**真變假，假變真**

8 加入**變數 / 變數**並更改為**燈的狀態**

9 加入**腳位輸出 / 設定腳位…的電位為**積木，並更改為 **D2**

10 將原本**高電位**積木移除，替換成變數**燈的狀態** (可將布林變數指定給腳位電位；真 (true) 為高電位，假 (false) 為低電位)

10 完成積木後，參考 LAB02 方式上傳我們剛剛練習的網頁程式檔 IoT_LAB3_test.h(位於 www 資料夾) 給 D1 mini。再上傳積木程式給 D1 mini 即完成。

11 上傳完畢後，用手機連上 LAB03 的無線網路，在瀏覽器輸入 192.168.4.1 即可看到如下網頁，對著聲音感測器吹吹氣，可以看到網頁上文字顯示變化：

我們亦提供一份較精美版本的網頁，功能與上述大同小異，若讀者對網頁程式有更深的興趣，可參考我們提供的程式碼學習。檔案在 flagsblock/www/IoT_LAB3.h，使用方式跟上述相同，在上傳程式到 D1 mini 之前，先上傳此份網頁資料到 D1 mini 上。

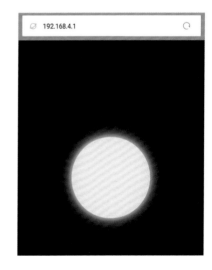

04

辦公室昏睡偵測器

昨晚明明很早睡，但上班還是精神不濟！也許是二氧化碳惹的禍！你知道嗎？二氧化碳濃度的高低會影響一個人的健康，輕則頭昏想睡，重則暈眩想吐。你需要一個辦公室昏睡偵測器！

本章將使用氣體感測器替您隨時監控二氧化碳濃度，並上傳給 ThingSpeak 網站，將濃度資料以圖表呈現，便於做長時間的變化觀察。

4-1　二氧化碳濃度感測器

氣體感測器 (型號 MQ135) 可以偵測環境中的二氧化碳濃度，根據濃度的高低不同，而輸出對應的訊號。上方金屬網狀就是感測氣體的地方，後方有 4 個接腳分別是 VCC、GND、DO、AO：

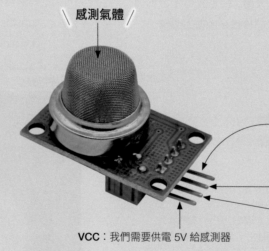

感測氣體

AO：類比訊號輸出腳位，會隨二氧化碳的濃度而有 **0 ~ 5V** 範圍內的電壓變化，濃度越低 (高)，輸出電壓越低 (高)

DO：數位訊號輸出腳位，我們不會使用到

GND：感測器的接地腳位

VCC：我們需要供電 5V 給感測器

⚠ 第一次使用感測器需要大約 10 ~ 15 分鐘的預熱時間。

4-2 D1 mini 的類比輸入

許多感測器會輸出不同的的電壓值來代表感測器的狀態，例如二氧化碳濃度越高，感測器輸出電壓則越高。而 D1 mini 的類比輸入可以幫我們量測外界的電壓值，故可得知感測器狀態。

D1 mini 類比輸入的量測電壓範圍約是 0 ~ 3.2V，接收到電壓後會將電壓值轉換對應到 0 到 1023 的數值。所以如果感測器輸出 3.2V，則 D1 mini 會得到 1023 這個數值，我們稱為 ADC 值。

但前面有提到，二氧化碳感測器的輸出電壓範圍為 0~5V，所以在稍後的電路我們會設計一個分壓電路來限制電壓在 0~3.2V 的範圍。

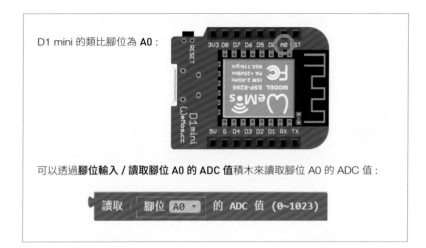

D1 mini 的類比腳位為 A0：

可以透過**腳位輸入 / 讀取腳位 A0 的 ADC 值**積木來讀取腳位 A0 的 ADC 值：

> 讀取 腳位 A0 ▼ 的 ADC 值 (0~1023)

軟體加油站！ ADC - 數位類比轉換器

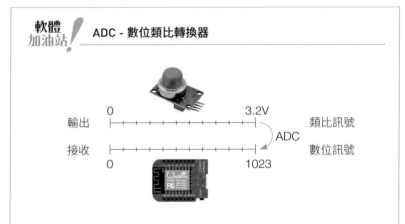

```
輸出  0 ─────────────── 3.2V    類比訊號
                          ↓ ADC
接收  0 ─────────────── 1023    數位訊號
```

ADC (Analog-to-Digital Converter) 即數位類比轉換器，為一個將連續的類比訊號或者物理量 (通常為電壓) 轉換成數位訊號。

D1 mini 內建了這個轉換器，可以將感測器讀到的類比訊號轉換成 0~1023 的數位訊號。

4-3 分壓電路

我們可以用和尚搶水喝的比喻來看分壓電路：

在電路中，我們將電源看成 1 碗水，這碗水總共有 5V 的份量，在電路中，每個電阻就像一個和尚，若只有一個和尚，便可以獨佔這碗水，此電阻消耗了 5V 的電壓；若有 2 個和尚以上，則會瓜分這碗水，越胖的和尚 (電阻越大)，喝到的水越多，可以根據分壓公式來得到，各個電阻分到的電壓是多少：

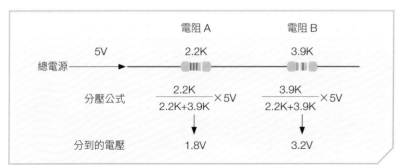

		電阻 A	電阻 B
總電源	5V	2.2K	3.9K
分壓公式		$\dfrac{2.2K}{2.2K+3.9K} \times 5V$	$\dfrac{3.9K}{2.2K+3.9K} \times 5V$
分到的電壓		1.8V	3.2V

⚠ "K" 即乘上 1000 的意思

如此的電阻配置，使原先感測器的類比輸出訊號 (0~5V)，在電阻 B 會得到 0~3.2V 的訊號，D1 mini 便可讀取電阻 B 的電壓作為觀察二氧化碳感測器的濃度變化依據：

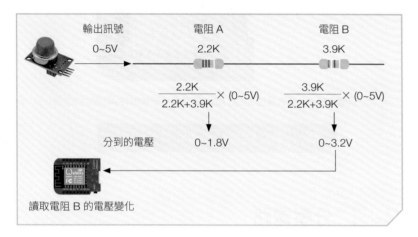

輸出訊號　0~5V　　電阻 A　2.2K　　電阻 B　3.9K

$$\frac{2.2K}{2.2K+3.9K} \times (0\text{~}5V)$$　　$$\frac{3.9K}{2.2K+3.9K} \times (0\text{~}5V)$$

分到的電壓　0~1.8V　　0~3.2V

讀取電阻 B 的電壓變化

4-4　ThingSpeak

我們可將感測器資料傳至 ThingSpeak 網站，以圖表來呈現資料。接下來將介紹如何使用這個網站：

1 連上 ThingSpeak 網站：

https://thingspeak.com

2 先點擊右上方 **Sign Up** 註冊為會員：

3 輸入要求的基本資料，完成後按下 Continue：

1 輸入電子信箱

2 選擇您的所在地

3 輸入姓名

4 按下 Continue

4 若您使用的信箱不是來自於學校或公司，可能會出現右圖的提醒，這時請勾選 **Use this email for my MathWorks Account** 並按下 Continue：

5 接著到您剛剛輸入的信箱中收取驗證信，並按下信中的 **Verify your email** 進行驗證，驗證成功後會看到 **Your profile was verified**：

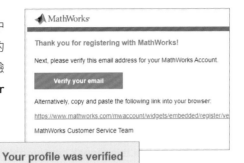

6 接著回到 ThingSpeak 網站中，按下 **Continue** 繼續設定您的 UserID 與密碼，設定完畢按下 **Continue** 即完成帳戶的建立：

1 設定 User ID
2 設定密碼
3 記得打勾
4 按下 Continue

7 恭喜，我們可以開始使用 ThingSpeak 的功能了：

ThingSpeak 使用 Channel 來代表一個專案，我們先創建一個 Channel，用來接收二氧化碳感測器的資料

8 設定 Channel 相關資料，我們只需要輸入 **Name** 欄位：

輸入 CO2
也可輸入詳細說明

9 設定好即可拉到最下方點擊 **Save Channel**：

10 完成後在 **Private View** 即可看到我們的圖表：

　　要如何將資料傳給 ThingSpeak 網站呢？還記得在第 2，3 章我們曾經發送『請求』給 D1 mini 嗎？在這裡就是發送請求給 ThingSpeak 網站，我們先試試手動發送請求給網站：

11 點擊 API Keys 欄位：

| Private View | Public View | Channel Settings | Sharing | **API Keys** | Data Import / Export |

12 複製下方的 **API Requests** 區域的第一個欄位中的網址（**Update a Channel Feed**）：

API Requests

Update a Channel Feed

GET https://api.thingspeak.com/update?api_key=I7K8MRCTBWOA3DL9&field

13 我們看看這個請求路徑（網址）的結構，這個路徑帶有 2 個參數，名稱分別為『api_key』與『field1』：

https://api.thingspeak.com/update?
api_key=I7K8KRCTBWOA3DL9&field1=0

● api_key=I7K8KRCTBWOA3DL9

每個帳號都有各自的 api_key，用來在請求路徑中告訴 ThingSpeak 網站這個資料是要給哪個帳號。在 **API Key** 頁面也可以找到 **Write API Key**：

| Private View | Public View | Channel Settings | Sharing | API Keys |

Write API Key

Key I7K8MRCTBWOA3DL9

Generate New Write API Key

⚠ 有時候網站可能會不定期改變使用者的 key，當發現原本可以連上過一段時間卻無法連上網站，請檢察 key 是否改變了。

● field1=0：

要給 ThingSpeak 網站的資料存在 field1 參數中，以上表示要傳送 0。

14 現在我們手動試試將 100 傳給 ThingSpeak 網站，將剛剛複製的網址 field1 的參數內容改成 100，貼到瀏覽器網址中：

https://api.thingspeak.com/update?api_key=I7K8MRCTBWOA3DL9&field1=100 ─── 稍後的 Lab 中我們會把二氧化碳的資料放在這裡送給網站

15 輸入後即發送了請求給 ThingSpeak 網站，到圖表即可看到 100 的資料：

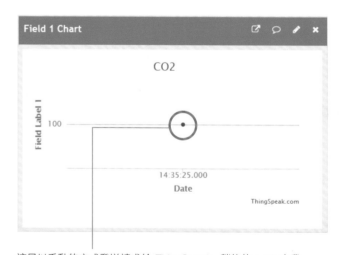

這是以手動的方式發送請求給 ThingSpeak，稍後的 LAB 中我們將透過 D1 mini 發送請求，將二氧化碳濃度資料傳給網站

4-5 D1 mini 連上 WiFi

量測到二氧化碳感測器數據後,我們要透過 D1 mini 連上網路,將數據傳至 ThingSpeak 網站。因為 ThingSpeak 網站屬於外部網站,D1 mini 必須連上網際網路,才能找到 ThingSpeak 網站,接下來將講解如何用 Flag's Block 積木來讓 D1 mini 連上 WiFi:

使用 **ESP8266 / 連接名稱…無線網路**積木,即可連上附近提供 WiFi 的無線網路基地台:

連接名稱: " Flag "　密碼: " 12345678 " 的無線網路

　　　無線基地台名稱　　　　　　無線基地台密碼

⚠ 名稱及密碼依據使用者的無線基地台而異

ESP8266 無線網路 / 已連接到網路?積木會回傳是否已連線到無線網路,若有傳回**真 (true)**,沒有則傳回**假 (false)**:

已連接到無線網路?

實際使用時,通常搭配**流程控制 / 重複當**積木組合運用,當尚未連接到網路時,不斷重複執行**暫停 1000 毫秒**積木:

重複 當 非 已連接到無線網路?
執行　暫停 1000 毫秒 ← 當連接到網路後,程式才會離開此區塊,向下執行

Lab04

實作	**辦公室昏睡偵測器**
實驗目的	1. 使用類比輸入腳位來讀取二氧化碳感測器數值 2. 將感測器數值傳送至 ThingSpeak 網站
材料	• D1 mini x 1　　　　• 2.2K 電阻 x 1 • 二氧化碳濃度感測器 x 1　• 杜邦線若干 • 3.9K 電阻 x 1

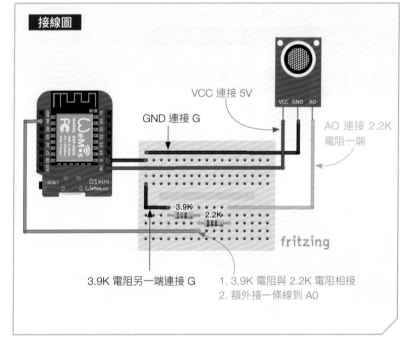

接線圖

VCC 連接 5V

GND 連接 G

AO 連接 2.2K 電阻一端

3.9K 電阻另一端連接 G

1. 3.9K 電阻與 2.2K 電阻相接
2. 額外接一條線到 A0

⚠ D1 mini 是 A0(數字零),感測器上是 AO(英文字 O),請勿搞混

● 設計原理

D1 mini 透過類比輸入腳位讀取二氧化碳濃度感測器的訊號,並向 ThingSpeak 發送請求,將訊號資料傳至網站以圖表顯示。

● Flag's Block 程式設計

D1 mini 連上附近的無線基地台 WiFi 後,不斷讀取二氧化碳濃度感測器的輸出訊號,並將訊號資料加進請求路徑中,再送出請求給 ThingSpeak 網站:

1 加入 **SETUP 設定**積木並在其中加入變數,我們用此變數來儲存二氧化碳的訊號:

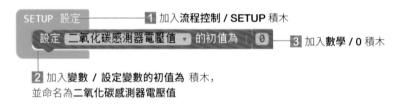

1 加入**流程控制 / SETUP** 積木

3 加入**數學 / 0** 積木

2 加入**變數 / 設定變數的初值為** 積木,
並命名為**二氧化碳感測器電壓值**

2 重複執行暫停 1000 毫秒,直到連接上 WiFi:

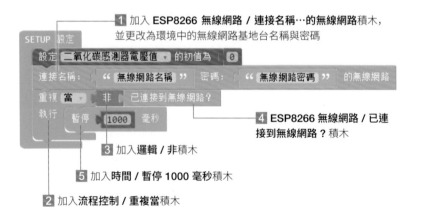

1 加入 **ESP8266 無線網路 / 連接名稱⋯的無線網路**積木,
並更改為環境中的無線網路基地台名稱與密碼

4 **ESP8266 無線網路 / 已連接到無線網路?** 積木

3 加入**邏輯 / 非**積木

5 加入**時間 / 暫停 1000 毫秒**積木

2 加入**流程控制 / 重複當**積木

3 完成基本設定後,接下來在**主程式**積木中先讀取二氧化碳感測器的電壓值,並存入變數**二氧化碳感測器電壓值**:

1 加入**變數 / 設定變數為**積木,並更改欄位成二氧化碳感測器電壓值

2 加入**腳位輸入 / 讀取腳位 A0** 積木

4 建立一個變數存放要給 ThingSpeak 的請求路徑:

加入**變數 / 設定變數為**積木,並更改欄位成網址

5 到 ThingSpeak 網站複製請求路徑 (4-4 步驟 12):

https://api.thingspeak.com/update?api_key=I7KA3DL9&field1=0

6 我們將請求路徑分兩個部分來看:

https://api.thingspeak.com/update?api_key=I7KA3DL9&field1= 0

1 固定不變

2 這裡將改成會變動的變數
二氧化碳濃度感測器電壓值

7 我們將這兩部分組合成一個字串資料，存入變數**網址**中：

https://api.thingspeak.com/update?api_key=I7KA3DL9&field1= **感測器數值**

1 加入**文字 / 建立字串使用**積木

3 加入**變數 / 變數**積木，並更改為**二氧化碳感測器電壓值**

2 加入**文字 / " "** 積木，並填入請求路徑固定不變的部分

8 發送變數**網址**（請求路徑）給 ThingSpeak 網站，發送請求後，如果狀態碼大於 0，即代表送出成功，因為 ThingSpeak 限制免費用戶每 15 秒上傳一筆資料，所以我們要用積木暫停程式 15 秒：

4 加入**變數 / 變數**積木，更改為**網址**

5 加入**數學 / 0** 積木

3 加入 **ESP8266 無線網路 / 執行 HTTP GET 請求**積木

2 加入**數學 / +** 積木，並改成大於符號 (>)

6 加入**時間 / 暫停 1000 毫秒**積木，更改為 **15000**

1 加入**流程控制 / 如果**積木

9 對著感測器吐一些二氧化碳即可在網站上看到變化圖表囉！

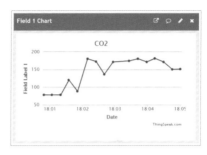

⚠️ 要怎麼知道二氧化碳濃度有沒有超標呢？

網路上可以搜尋到一些將感測器電壓值轉換成 PPM 濃度指標的公式，例如：http://davidegironi.blogspot.tw/2014/01/cheap-co2-meter-using-mq135-sensor-with.html#.Wv54RkiFM2w。或者您也可以將感測器拿到室外新鮮空氣測測看是多少，再放到室內。電壓變化超過 40 以上就算是不正常的空氣品質了喔！

請注意，若您紀錄數據的時間間隔過大的話，可能會發生右圖的情況：

在 1 月時紀錄了 1 個數值 200

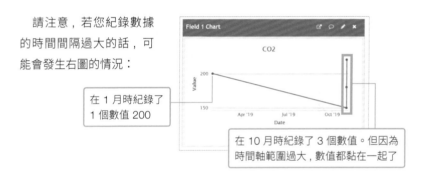

在 10 月時紀錄了 3 個數值。但因為時間軸範圍過大，數值都黏在一起了

此時您可以修改時間軸的範圍，請點擊圖表上的鉛筆符號，將 Days 設定為 2 天：

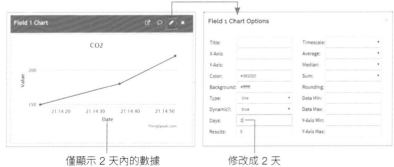

僅顯示 2 天內的數據　　　　修改成 2 天

05

智慧物聯網盆栽

喜歡種一些花花草草但又怕太忙忘記澆水嗎？本章將教你製作智慧盆栽，不但可以在手機遠端監控土壤的濕度，還可以邊控制澆水！

我們將使用『Blynk』手機 App 製作操作介面顯示土壤濕度，並具備按鈕控制抽水馬達。

5-1　抽水馬達

　抽水馬達具有黑 (負電)、紅 (正電) 兩線，但是線比較細，較難插進麵包版，使用所附的接線端子可以方便與杜邦線連接。接線端子的使用方式是按壓上方後，將金屬線放入接槽，放開後即咬合固定。

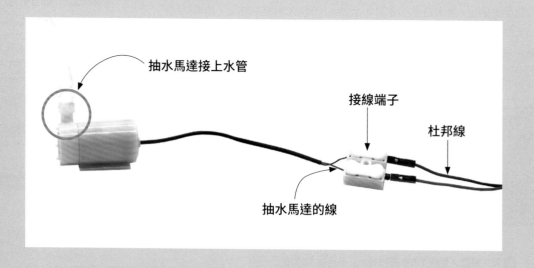

抽水馬達接上水管

接線端子

杜邦線

抽水馬達的線

將抽水馬達接上管子整顆放入水中，透過對馬達供 5V 電壓即可運作，將水抽出經由管子送往盆栽。

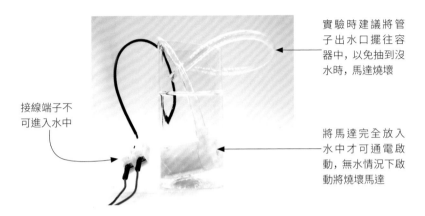

實驗時建議將管子出水口擺往容器中，以免抽到沒水時，馬達燒壞

接線端子不可進入水中

將馬達完全放入水中才可通電啟動，無水情況下啟動將燒壞馬達

⚠ 要注意抽水馬達抽水速度很快，抽到沒水時應盡快停止馬達。

D1 mini 輸出腳位的電壓電流不足以對抽水馬達供電。我們將使用電壓電流較大的 5V 電壓腳位來給抽水馬達供電，並使用電晶體元件做為開關，來控制電流是否可以流過抽水馬達。

5-2　電晶體元件

本套件使用的電晶體型號為 2N2222 共有三隻接腳，分別為 B (基極)、C (集極)、E (射極)。我們藉由 D1 mini 數位輸出給予 B 接腳高電位，來導通電晶體，使 5V 驅動連接於 C 接腳的抽水馬達；給予低電位則電晶體不導通，停止驅動抽水馬達。電晶體就像是一個透過電子訊號控制的開關：

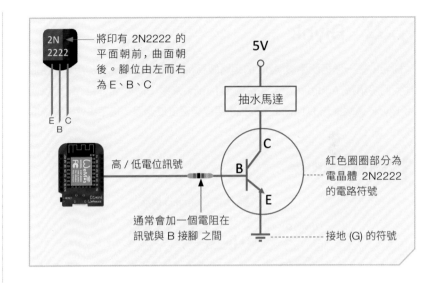

將印有 2N2222 的平面朝前，曲面朝後。腳位由左而右為 E、B、C

高 / 低電位訊號

通常會加一個電阻在訊號與 B 接腳 之間

紅色圈圈部分為電晶體 2N2222 的電路符號

接地 (G) 的符號

5-3　土壤溼度感測器

此感測器分為兩部分：前方兩個金屬插腳，用於插入土壤中感測濕度。金屬插腳連接兩條線 (無正負之分，接上即可) 到後面的訊號控制板，板上共有 4 個接腳，負責供電與輸出代表土壤溼度變化的訊號。如同第 4 章一樣，我們會使用 D1 mini 的 A0 類比輸入腳位來讀取感測器的類比輸出訊號：

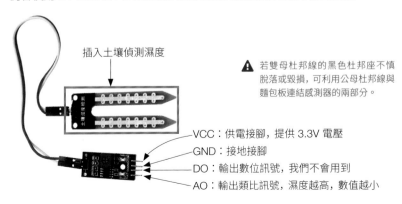

插入土壤偵測濕度

⚠ 若雙母杜邦線的黑色杜邦座不慎脫落或毀損，可利用公母杜邦線與麵包板連結感測器的兩部分。

VCC：供電接腳，提供 3.3V 電壓
GND：接地接腳
DO：輸出數位訊號，我們不會用到
AO：輸出類比訊號，濕度越高，數值越小

5-4 Blynk

Blynk 是一個搭配手機 App 的網路服務，有 Android 及 ios 版本，在這裡我們將講解 Android 版本。透過 D1 mini 來跟 Blynk 做連結，就可以使用 Blynk 遠端操作 D1 mini 上的抽水馬達與濕度感測器。接下來就開始講解 Blynk 吧！

1 註冊 Blynk 免費帳號：

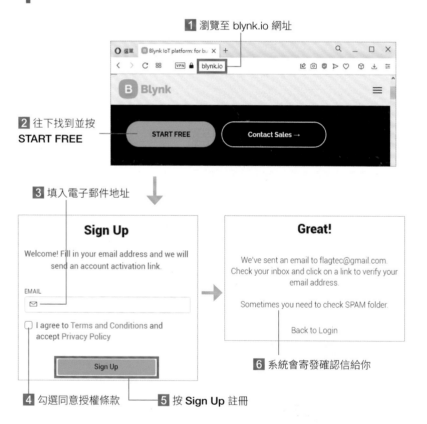

1 瀏覽至 blynk.io 網址

2 往下找到並按 START FREE

3 填入電子郵件地址

Sign Up

Welcome! Fill in your email address and we will send an account activation link.

EMAIL

☐ I agree to Terms and Conditions and accept Privacy Policy

Sign Up

4 勾選同意授權條款　　**5** 按 **Sign Up** 註冊

Great!

We've sent an email to flagtec@gmail.com. Check your inbox and click on a link to verify your email address.

Sometimes you need to check SPAM folder.

Back to Login

6 系統會寄發確認信給你

---

2 收信確認並設定密碼：

1 收到的確認信主旨

Welcome to Blynk.Console

Blynk <robot@blynk.cloud>　　下午5:38 (0 分鐘前)
寄給 我 ▾

B

Welcome!

We're excited to see you on board.

To get started, you'll need to create a password for your account.

2 按這裡設定密碼

Create Password

Create Password

Create a password which is hard to guess.

PASSWORD

3 填入你要使用的密碼

- Make it at least 8 symbols long

  Other tips:
- Use uncommon words
- Use non-standard uPPercaSing
- Use creatif spellllllling
- Use non-obvi0u$ number$ & symbo1s

4 按 **Next**　　Log In　　Next

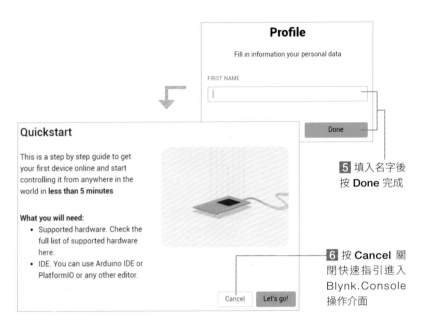

5 填入名字後
按 **Done** 完成

6 按 **Cancel** 關
閉快速指引進入
Blynk.Console
操作介面

3 啟用開發者模式：

1 切換到使用
者設定頁面

2 按一下啟用開發者模式

4 Blynk 會將手機模擬成具有虛擬腳位的控制板，因此要設定所需用到的
腳位，這要透過設計樣板達成：

1 切換到樣板頁次

2 按此新增樣板

3 填入樣板名稱

5 選取使用 WiFi
連線傳輸資料

4 選取連結對象為
ESP8266 硬體

6 按此鈕完成

5 Blynk 會用**資料流 (datastream)** 來設定要使用的虛擬腳位，首先新增要用來控制馬達的資料流：

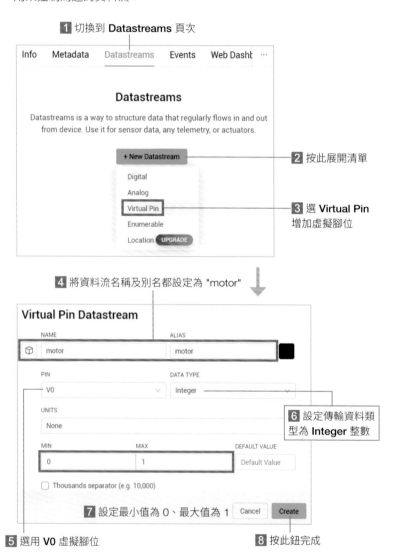

1 切換到 **Datastreams** 頁次

Datastreams

Datastreams is a way to structure data that regularly flows in and out from device. Use it for sensor data, any telemetry, or actuators.

+ New Datastream

2 按此展開清單

Digital
Analog
Virtual Pin
Enumerable
Location UPGRADE

3 選 **Virtual Pin**
增加虛擬腳位

4 將資料流名稱及別名都設定為 "motor"

Virtual Pin Datastream

NAME	ALIAS
motor	motor

PIN	DATA TYPE
V0	Integer

UNITS
None

6 設定傳輸資料類型為 **Integer** 整數

MIN	MAX	DEFAULT VALUE
0	1	Default Value

☐ Thousands separator (e.g. 10,000)

7 設定最小值為 0、最大值為 1 | Cancel | Create

5 選用 **V0** 虛擬腳位

8 按此鈕完成

---

6 重複相同步驟如下新增用來接收濕度感測值的 V5 虛擬腳位：

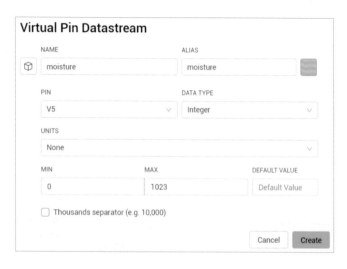

Virtual Pin Datastream

NAME	ALIAS
moisture	moisture

PIN	DATA TYPE
V5	Integer

UNITS
None

MIN	MAX	DEFAULT VALUE
0	1023	Default Value

☐ Thousands separator (e.g. 10,000)

Cancel | Create

7 確認無誤後儲存：

2 按此儲存

Delete | Cancel

FM609A LAB05

Save

Info Metadata Datastreams Events Web Dashb ···

Q Search datastream   + New Datastream

2 Datastreams

1 確認資料流都正確

	Id ⇕	Name ⇕	Alias	Actions
☐	1	motor	mot	
	2	moisture	mois	

8 設計好樣板後就可以依據
樣板建立裝置：

⚠ 免費版本的使用者同一時間只能建立 2 個裝置，若已經建立 2 個裝置，必須先刪除才能新增。如果覺得好用，也可以付費解除限制。

1 按放大鏡鈕   **2** 切換到 **My Devices** 頁次

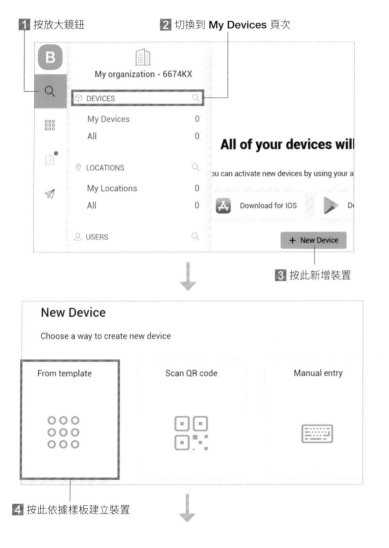

3 按此新增裝置

4 按此依據樣板建立裝置

5 選取剛剛建立的樣板

6 按此完成

7 按此關閉提示訊息

8 按一下剛剛建立的裝置   **9** 切換到 **Device Info** 頁次

10 往下移到 **AUTHTOKEN**

11 按此複製認證權杖，D1 mini 上的程式需要此認證權杖才能連接 Blynk 傳輸資料

9 建立裝置後，即可在手機端設計 App 使用介面：

⚠ Blynk 有新舊版本，舊版本名稱為 Blynk (legacy)，請注意不要安裝到此舊版本。

1 請至 Google Play 商店安裝 Blynk IoT App：

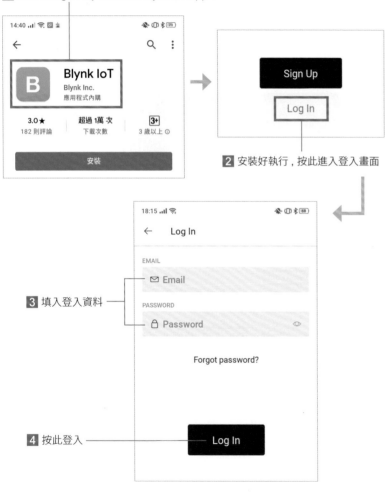

2 安裝好執行，按此進入登入畫面

3 填入登入資料

4 按此登入

10 登入後會看到前面步驟建立的裝置，接著即可設計裝置的使用者介面：

1 按此進入裝置頁面

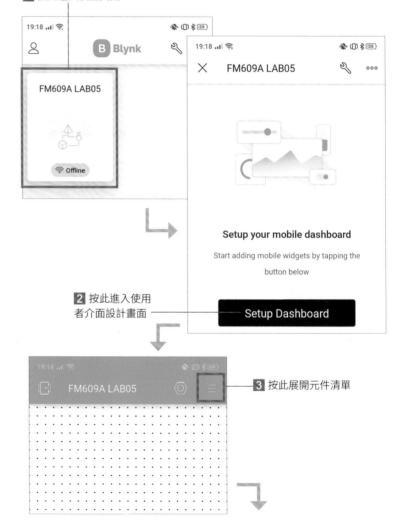

2 按此進入使用者介面設計畫面

3 按此展開元件清單

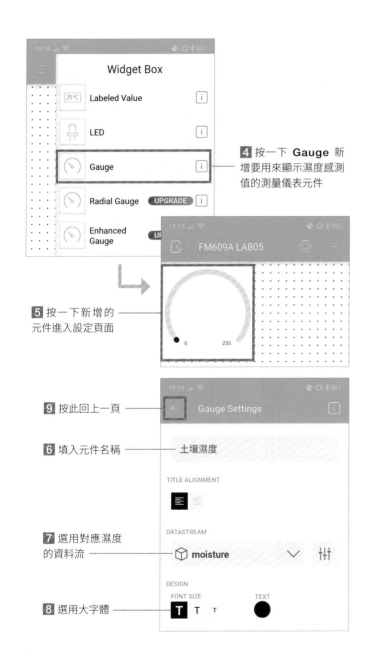

4 按一下 **Gauge** 新增要來顯示濕度感測值的測量儀表元件

5 按一下新增的元件進入設定頁面

9 按此回上一頁

6 填入元件名稱

7 選用對應濕度的資料流

8 選用大字體

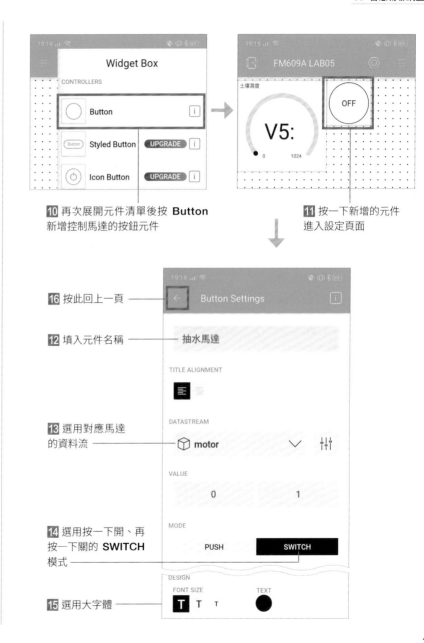

10 再次展開元件清單後按 **Button** 新增控制馬達的按鈕元件

11 按一下新增的元件進入設定頁面

16 按此回上一頁

12 填入元件名稱

13 選用對應馬達的資料流

14 選用按一下開、再按一下關的 **SWITCH** 模式

15 選用大字體

11 依照畫面調整元件位置及大小：

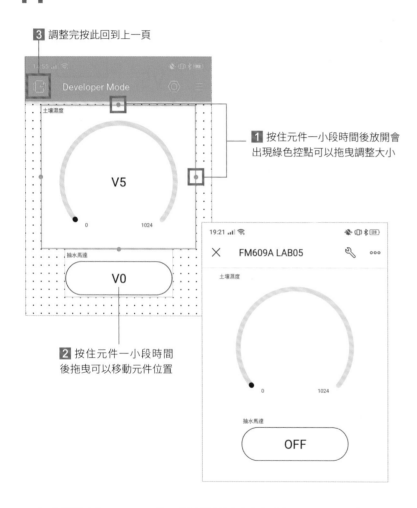

3 調整完按此回到上一頁

1 按住元件一小段時間後放開會
出現綠色控點可以拖曳調整大小

2 按住元件一小段時間
後拖曳可以移動元件位置

如此便設定好 Blynk 元件，稍後將透過積木程式把 D1 mini 上的腳位與
Blynk 的元件對應連結。

Lab05

實作 智慧物聯網盆栽

實驗目的	1. 使用電晶體控制抽水馬達 2. 使用土壤濕度感測器 3. 透過 Blynk 遠端操作 D1 mini
材料	● 電晶體 (2N2222) x 1　● 電阻 1K 歐姆 x 1　● 杜邦線若干 ● 抽水馬達 x 1　● D1 mini x 1 ● 土壤濕度感測器 x 1　● 麵包板 x 1

接線圖

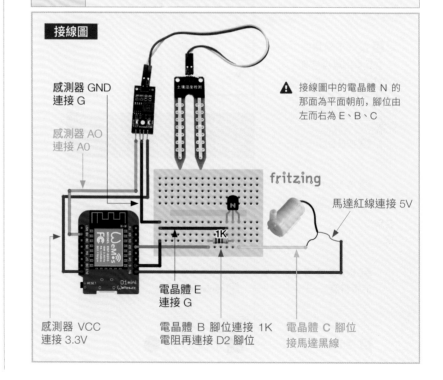

感測器 GND
連接 G

感測器 AO
連接 A0

⚠ 接線圖中的電晶體 N 的
那面為平面朝前，腳位由
左而右為 E、B、C

馬達紅線連接 5V

感測器 VCC
連接 3.3V

電晶體 E
連接 G

電晶體 B 腳位連接 1K
電阻再連接 D2 腳位

電晶體 C 腳位
接馬達黑線

● 設計原理

使用 Blynk 按鈕元件操控 D1 mini 的輸出腳位，另外也將 D1 mini 的資料送至 Blynk 的測量儀表。

● Flag's Block 設計原理

D1 mini 連上 WiFi 後使用認證碼啟用 Blynk 服務。

1 使用特別設計的 Blynk 積木連上 Blynk 服務：

1 加入 **流程控制 /**
SETUP 設定 積木

2 加入 **腳位輸出 / 設定 ... 的電位**
為高電位 積木，並更改為 D2 腳位
及低電位讓抽水馬達預設不運作

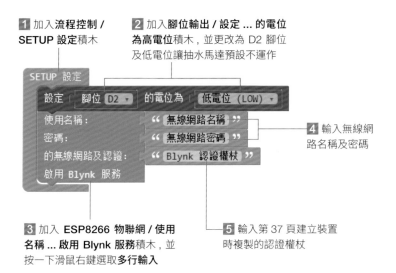

4 輸入無線網
路名稱及密碼

3 加入 **ESP8266 物聯網 / 使用**
名稱 ... 啟用 Blynk 服務 積木，並
按一下滑鼠右鍵選取 **多行輸入**

5 輸入第 37 頁建立裝置
時複製的認證權杖

2 設定從 Blynk 的 V0 虛擬腳位收到控制馬達指令時的動作：

1 加入 **ESP8266 物聯網 /Blynk V0**
虛擬腳位讀到新資料 積木

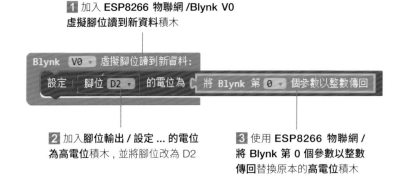

2 加入 **腳位輸出 / 設定 ... 的電位**
為高電位 積木，並將腳位改為 D2

3 使用 **ESP8266 物聯網 /**
將 Blynk 第 0 個參數以整數
傳回 替換原本的高電位積木

如此 Blynk 傳回 1 就會設定成高電位，反之則為低電位。

3 新增傳送濕度感測值到 Blynk 服務的函式：

1 加入 **函式 / 定義函式** 積木
並更改名稱為『土壤濕度』

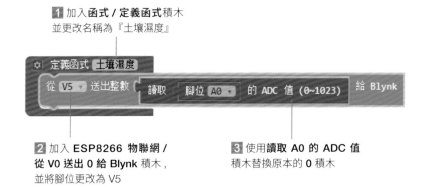

2 加入 **ESP8266 物聯網 /**
從 V0 送出 0 給 Blynk 積木，
並將腳位更改為 V5

3 使用 **讀取 A0 的 ADC** 值
積木替換原本的 0 積木

4 設定每 5 秒傳送一次感測值給 Blynk：

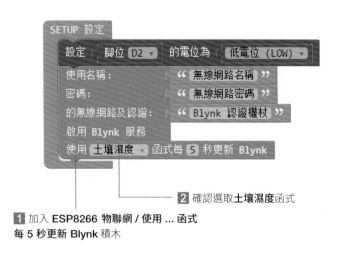

② 確認選取 **土壤濕度** 函式

① 加入 **ESP8266 物聯網 / 使用 ... 函式**
每 5 秒更新 Blynk 積木

5 加入持續處理 Blynk 服務請求及定時傳送資料的程式：

① 加入 **ESP8266 物聯網 / 處理 Blynk 的請求** 積木

② 加入 **ESP8266 物聯網 / 處理 Blynk 計時器** 積木

6 完成積木後，確認抽水馬達沉在水中，即可在上傳程式後，拿起手機操作 Blynk App：

土壤濕度感測值每 5 秒會更新一次，可將感測器插入水中觀察變化

按鈕可切換控制馬達抽水

由於抽水馬達所需電流較大，讀者電腦 USB 輸出電流可能會不夠而造成網路斷線，這時候請外接電源給抽水馬達，其餘接線照舊不變。

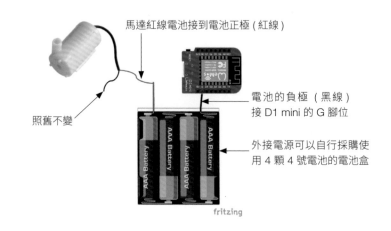

馬達紅線電池接到電池正極 (紅線)

照舊不變

電池的負極 (黑線) 接 D1 mini 的 G 腳位

外接電源可以自行採購使用 4 顆 4 號電池的電池盒

MEMO

CHAPTER 06

貼心防盜抽屜燈

有看過 IKEA 販賣的抽屜燈嗎？一打開抽屜裡面就會亮起一盞燈，在昏暗的環境下是特別貼心的設計。

本章將透過亮度／接近感測器配合 LAB01 的 LED 燈來實現這樣的功能。更厲害的是，我們的抽屜燈還有防盜功能，一打開就使用 D1 mini 透過 IFTTT 寄一封 E-mail 通知你。

6-1　亮度／接近感測器

此感測器的型號為 APDS9930，可以透過上方的感光元件偵測周圍環境亮度，並可透過紅外線 LED（需獨力供電）來偵測與上方的距離，再透過 I2C 通訊介面來將亮度與距離資料送出，稍後將講解此介面。後方總共有 6 隻接腳說明如下：

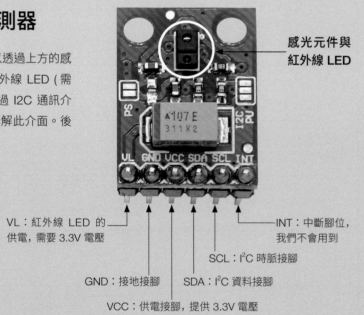

感光元件與紅外線 LED

VL：紅外線 LED 的供電，需要 3.3V 電壓

GND：接地接腳

VCC：供電接腳，提供 3.3V 電壓

SDA：I²C 資料接腳

SCL：I²C 時脈接腳

INT：中斷腳位，我們不會用到

6-2 I²C 通訊介面

本感測器採用 I²C 作為通訊介面，I²C 是 Inter-Integrated Circuit 的縮寫，正式的唸法是 "I-Square-C"，一般人多習慣用 I2C 表示，直接唸做 "I-Two-C"。

I2C 採用主 / 從 (Master / Slave) 架構，只能有一個主裝置，但可有多個次要裝置，主裝置負責 I2C 通訊的控制與聯絡。我們以 D1 mini 擔任主裝置，感測器為次要裝置。因為可以有多個次要裝置，為了讓主裝置能指定、辨識資料傳輸的對象，每個次要裝置會擁有一個唯一的 I2C 位址，主裝置就是透過 I2C 位址來指定要溝通的次要裝置。

⚠ 亮度 / 距離感測器的 I2C 位址已經設定在積木中，不需額外再設定。

I2C 由 SDA (Serial Data，資料) 和 SCL (Serial Clock，時脈) 兩條線所構成，只要使用兩條線就可以串接多個裝置：

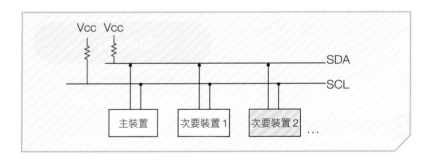

在 D1 mini 開發板上，預設是以 D2、D1 腳位做為 I2C 的 SDA、SCL 腳位。所以使用 I2C 介面的裝置時，必須將裝置 SDA、SCL 腳位依序連接到 D2、D1 腳位。

6-3 用 Flag's Block 讀取 亮度 / 接近感測器的數值

要使用此感測器必須先用積木**感測器 / 啟用 APDS9930 感測器**啟用它：

> 啟用 APDS9930 感測器

啟用後就可以使用**感測器 / 取得 APDS9930 光線感測值**積木與**感測器 / 取得 APDS9930 接近感測值**積木來取得數值，本章使用接近感測值做為應用：

> 取得 APDS9930 光線感測值

環境越亮，數值越大 (範圍：0 ~ 65535)

> 取得 APDS9930 接近感測值

距離越近，數字越大 (範圍：0 ~ 1023，對應約 10 ~ 1 公分距離)，超過 10 公分即為 0

6-4 用 Flag's Block 觀察數值

取得感測器數值後，我們可以使用**序列通訊**來將數值資料傳送到電腦顯示，觀察數值變化。在 Flag's Block 中要進行序列通訊其實非常容易，只要使用序列通訊類別的積木即可：

使用**序列通訊 / 設定 serial 的序列通訊速度為 9600 bps** 積木可以設定傳輸速率：

更改為 **115200** bps (bit per second, 每秒傳輸多少 bit)

⚠️ bit 為資訊的最小單位, 我們熟知的 1byte = 8 bits ; 1KB = 1024 bytes

使用**序列通訊 / serial 以序列通訊送出**積木可以將後面欄位的數值送去電腦顯示 :

預設是勾選換行 , 表示最後會送出換行字元

稍後我們在 LAB 中將實際操作如何在 Flag's Block 環境中查看 D1 mini 傳來的感測器數值。

6-5 IFTTT

當抽屜被打開時, 我們希望 D1 mini 可以寄一封電子郵件通知。要達成這件事, 可以透過 IFTTT 網站的「Email」服務。

IFTTT 的精神就是 If This Then That, 白話來說就是『如果 A 發生然後就做 B』。我們希望抽屜打開 (Ⓐ) 時就發一封電子郵件 (Ⓑ), 這樣的流程在 IFTTT 中我們稱之為程序, 待會我們就會建立一個程序 :

程序

1 先到 IFTTT 網站 (https://ifttt.com) 註冊成會員 :

1 點擊 **Sign up**

2 可以用 Google 或 Facebook 帳號註冊, 或者用其他信箱。我們選擇用其他信箱, 點選下方 **sign up** :

3 輸入 Email 信箱作為會員帳號

4 輸入會員密碼

5 點選 **Sign up** , 完成註冊

2 完成註冊後, 創建一個程序 :

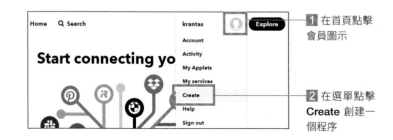

1 在首頁點擊會員圖示

2 在選單點擊 **Create** 創建一個程序

程序的設計原則為如果抽屜被打開（Ⓐ），則發一封信到自己的信箱（Ⓑ）。但抽屜被打開這件事怎麼讓 IFTTT 網站知道呢？還記得第 3 章我們透過發送請求將 LED 的狀態告訴 D1 mini 網站嗎？在這裡我們也要發送請求告知 IFTTT 網站抽屜被打開了。IFTTT 的 **Webhooks** 服務就可以用來接收這個請求。

3 啟用 Webhooks：

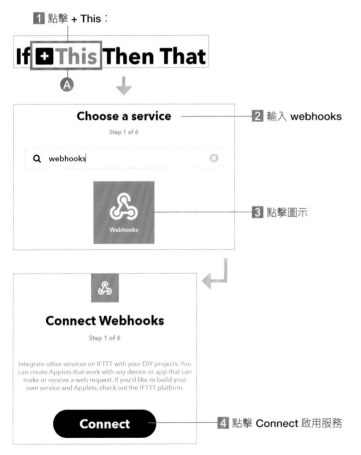

1 點擊 + This：

2 輸入 webhooks

3 點擊圖示

4 點擊 Connect 啟用服務

5 選擇 Receive a web request 接收請求

6 輸入事件名稱 open（此事件名稱會做為請求路徑的一部分）

7 點擊 Create trigger

4 這樣就完成了 Webhooks（Ⓐ）的設定。一旦 IFTTT 接收到請求後，我們希望 IFTTT 可以發一封 E-mail 到指定信箱，所以現在要啟動 IFTTT 的 E-mail 服務（Ⓑ）：

1 點擊 + That

Ⓐ 已經變成 Webhooks 的圖示

Ⓑ

2 搜尋欄輸入 email

3 選擇 Email 圖示

Connect →

Connect Email

Enter the email address you would like to use for all of your Email Applets.

Email address

krantas@gmail.com

Send PIN

4 點擊 Connect 按鈕,啟用 Email 服務

5 輸入你要使用的信箱

6 點擊 Send PIN 發送驗證碼

⚠ Email 服務每日可寄送郵件上限為 750 封,每天在格林威治標準時間 0 點(台灣時間上午 8 點)會重設。

Email service connection PIN 📥 收件匣 ×

IFTTT Email <alerts@ifttt.com>
寄給 我 ▾

Hi krantas,

Use this PIN to connect the Email service on IFTTT.

PIN: 4188

Connect Email

Enter the email address you would like to use for all of your Email Applets.

Email address

krantas@gmail.com

Please enter the 4-digit PIN you received below.

PIN

4188

Connect **Retry**

7 到信箱打開 IFTTT 寄來的信,取得驗證碼

8 回到 IFTTT 網站輸入驗證碼

9 點擊 Connect 完成設定

---

11 設定信件的主旨為「抽屜被打開了」

12 讀者可自行設定信件的內容

Send me an email

This Action will send you an HTML based email. Images and links are supported.

Subject

抽屜被打開了!

Add ingredient

Body

觸發事件: EventName
觸發時間: OccurredAt

Add ingredient

Create action

If Maker Event "open", then Send me an email at krantas@gmail.com

by krantas

65/140

Receive notifications when this Applet runs

Finish

10 選擇 Email 服務的 **Send me an email** 來寄信給你

13 設定完成後點擊 Create action

14 點擊 Finish 即完成設定

---

5 到如下畫面即完成,我們來手動發送請求給 IFTTT 網站看看:

You made a new Connection!

If Maker Event "open", then Send me an email at krantas@gmail.com
By krantas

Connected

krantas

Account

Activity

My Applets

My services

Create

Help

Sign out

My services

📧 Email

⟁ Webhooks

1 點擊使用者圖示

2 點擊 My service

3 點擊 Webhooks

4 點擊 Documentation, 裡面可以看到要發給 IFTTT 的請求路徑格式

5 請求用的金鑰，每個帳號都有不同的 **API KEY,** 這是組成請求路徑的一部分

6 更改成事件名稱 open

7 完整請求路徑

8 將請求路徑貼到到瀏覽器網址列中並按下 Enter 送出請求

9 若發送成功即可看到此回應

10 若成功即可在信箱中收到由 IFTTT 發送過來的 E-mail

---

6 如此便完成了 IFTTT 的程序設定。但剛剛是手動發送請求給 IFTTT, 若要透過 D1 mini 發送請求, 可以使用 **ESP8266 物聯網 / 以 API KEY 觸發 IFTTT 事件** 積木。發送請求成功後, 此積木會回傳**真 (true)**, 失敗則傳回**假 (false)**：

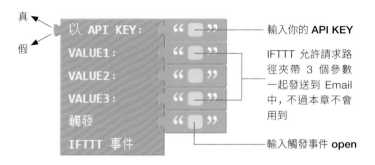

真

假

輸入你的 API KEY

IFTTT 允許請求路徑夾帶 3 個參數一起發送到 Email 中, 不過本章不會用到

輸入觸發事件 open

⚠ 積木若太長可以對積木按滑鼠右鍵選擇**多行輸入**, 積木就會像書上呈現的一樣變短了

實際使用時會搭配**如果積木**：

若積木傳回真 (發送成功), 則執行…

49

Lab06

實作 **貼心防盜感應燈**

實驗目的	1. 使用 APDS9930 感測器 2. 用序列通訊將感測值送至電腦查看 3. 使用 D1 mini 發送請求給 IFTTT 網站使其發送 Email
材料	• LED x 1 • D1 mini x 1 • 220 歐姆電阻 x 1 • 麵包板 x 1 • ADPS9930 感測器 x 1 • 杜邦線若干 x 1

接線圖

LED 短腳連接 G

APDS9930 與 D1 mini 的接腳對應

APDS9930	D1 mini
VL	3.3V
GND	G
VCC	3.3V
SDA	D2
SCL	D1

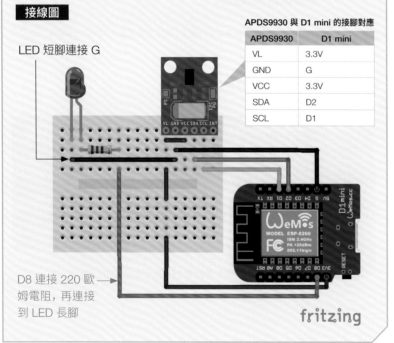

D8 連接 220 歐
姆電阻，再連接
到 LED 長腳

fritzing

設計原理

模擬當抽屜關起時 (手遮住感測器)，熄滅 LED 燈；當抽屜打開 (手離開感測器)，點亮 LED 燈，並且發送 Email 通知。

Flag's Block 設計原理

首先我們會先練習使用序列通訊觀看用手遮住與拿開感測器的接近值變化。接下來 D1 mini 連上 WiFi 後，開始讀取接近值，判斷當值等於 1023 時關閉 LED 燈；等於 0 時點亮 LED 燈並發送請求給 IFTTT 網站。

1 先加入 **SETUP** 設定積木，然後加入設定序列埠傳輸速率的積木：

1 加入**流程控制 / SETUP 設定**積木　　　**3** 更改為 **115200** bps

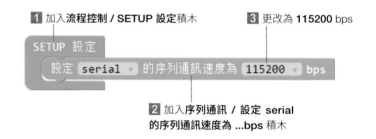

2 加入**序列通訊 / 設定 serial 的序列通訊速度為 ...bps** 積木

2 接著先啟用 APDS9930 感測器：

加入**感測器 / 啟用 APDS9930 感測器**積木

3 在主程式積木中每一秒傳送一次感測器的接近值到電腦顯示：

1 加入 **序列通訊 / serial
以序列通訊送出** 積木

2 加入 **感測器 / 取得 APDS9930
接近感測值** 積木

取得 APDS9930 接近感測值

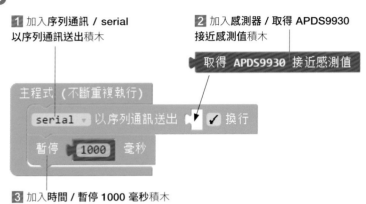

3 加入 **時間 / 暫停 1000 毫秒** 積木

4 完成積木後確認序列埠設定是否正確後即按上傳積木按鈕 ▶：

5 上傳完畢後，接下來如下操作：

1 按此鈕

2 選此項即可開啟 Flag's Blcok 內附的 Arduino IDE (程式開發環境)

4 以上確認無誤，
點選此放大鏡

3 檢查『**工具 / 序列
埠**』項目，確認已選
取好正確的序列埠

此為序列通訊
監控視窗

5 用手在感測器上
方移動可以看以下的
數值變化 (最遠是 0
最近是 1023)：

按一下修改為 **115200**
(需與程式中設定的速
率相同)

51

6 完成序列通訊觀看感測器接近值練習後，請關掉序列監控視窗，我們要
回到積木介面繼續後面的程式，先連上自己的 WiFi：

連接 WiFi 在**第 4 章**已做過練習

7 設定 **D8** 腳位為低電位，關閉 LED 燈：

腳位電位前面已做
過練習，如忘記請參
考 **LAB02**

8 在主程式積木中加入**如果**積木，判斷若接近值等於 1023（抽屜關閉狀
態），熄滅 LED 燈：

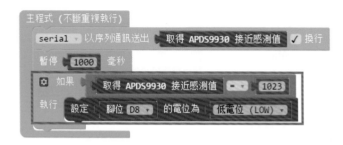

9 再加入如果積木，判斷當接近值等於 0（抽屜打開狀態）時，點亮 LED
燈並對 IFTTT 網站發送請求（為了避免過度密集送出請求，發送後會等
待 5 秒鐘）：

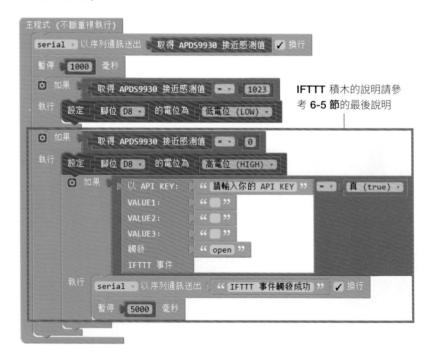

IFTTT 積木的說明請參
考 **6-5 節**的最後說明

完成後上傳積木程式，用手遮住感測器上方看看 LED 燈有沒有熄滅，手
離開感測器，LED 燈會點亮，並到信箱看看是否有收到 Email。

雲端遙控器

夏日炎炎,想要下班一打開家門就享受到舒適的冷氣?你需要一台雲端遙控器,在辦公室即可透過網頁遠端操控這台遙控器,控制家裡的冷氣。本套件附有紅外線遙控器、紅外線接收模組、紅外線發射模組,透過它們來學習如何查看與發射紅外線訊號的指令,甚至取代家電遙控器,並且還可以透過網頁使用 MQTT 通訊協定遠端遙控。

7-1　認識紅外線接收與發射

家裡的冷氣(或其他家電)遙控器,大部分都是屬於紅外線遙控器,遙控器前方有個紅外線發射模組,透過紅外線發出特定指令,再由冷氣的紅外線接收模組接收,進行解碼,執行相對的功能。

但其實生活周遭充滿了紅外線,為了避免冷氣的紅外線接收模組受到干擾,家電廠商會為他們的紅外線控制產品,制定專屬**協定**,這樣的協定就是指紅外線接收模組只會對特定的紅外線發射器有反應。知名的協定有 RC-5、NEC、SIRC…等等,本套件以 NEC 協定作為示範。

紅外線發射模組

外型像白色的 LED 燈,差別在於通電後發出的紅外線是肉眼看不到的光。具有一長一短兩腳,我們稍後我們將使用 D1 mini 來讓紅外線發射模組發出家電的控制指令。

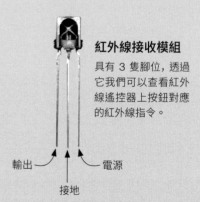

輸出　　電源

接地

紅外線接收模組

具有 3 隻腳位,透過它我們可以查看紅外線遙控器上按鈕對應的紅外線指令。

紅外線遙控器

前方有個紅外線發射模組,每個按鈕對應不同的紅外線指令。

7-2 MQTT

MQTT 是一種通訊協定，使得物聯網設備之間傳遞資訊非常簡單，傳遞的資訊格式包含**主題**與**內容**。

MQTT 的傳輸機制分為 **Publisher（發佈者）**、**Broker（中間人伺服器）**、**Subscriber（訂閱者）**，發佈者將資訊（主題與內容）傳給中間人，而訂閱者向中間人訂閱主題取得內容。

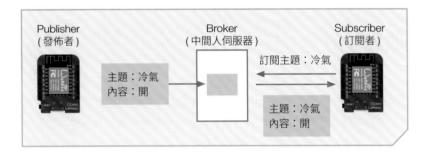

稍後我們將透過 Chrome 線上應用程式商店下載 **MQTTBox** 應用程式。我們將扮演發佈者透過此應用程式發佈主題與內容，D1 mini 將扮演訂閱者，接收訊息後做出相對應的處理。而我們將使用 broker.mqtt-dashboard.com 網站作為中間人伺服器

7-3 MQTTBox

透過 MQTTBox 我們可以訂閱中間人的主題也可以發佈主題給中間人。

1 先打開 Chrome 瀏覽器，搜尋 MQTTBox，選擇 **MQTTBox - Chrome 線上應用程式商店**或輸入網址 (https://chrome.google.com/webstore/detail/mqttbox/kaajoficamnjijhkeomgfljpicifbkaf?gl=HK&hl=zh-TW)：

2 點選**加到 CHROME** 按鈕安裝，安裝完畢後即可點擊圖示啟動應用程式：

3 點選 `Create MQTT Client` 按鈕後輸入相關資訊：

中間人伺服器：請輸入 **broker. mqtt-dashboard.com**

用戶端名稱：
LAB07

通訊協定：
選擇 **mqtt / tcp**

完成後點擊 **Save**

4 此畫面藍色框框可以發佈主題，橘色框框可以訂閱主題：

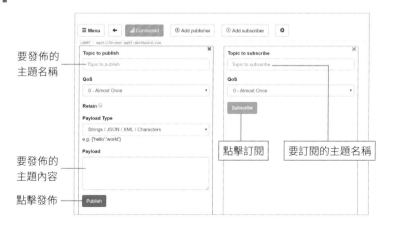

要發佈的
主題名稱

要發佈的
主題內容

點擊發佈

點擊訂閱

要訂閱的主題名稱

稍後我們將用此應用程式發佈主題訊息給 D1 mini 雲端遙控器接收。

Lab07-A

紅外線指令查看

實驗目的	1.透過紅外線接收模組查看遙控器的指令 2.根據指令控制 LED 燈的開關 3.最後透過此實驗查看家電遙控器的紅外線指令
材料	● 紅外線接收模組 x 1　● D1 mini x 1 ● 紅外線遙控器 x 1　● 麵包板 x 1 ● LED 燈 x 1　● 杜邦線若干 ● 220 歐姆電阻 x 1

紅外線遙控器有插一片塑膠片，使用時記得拔起。

接線圖

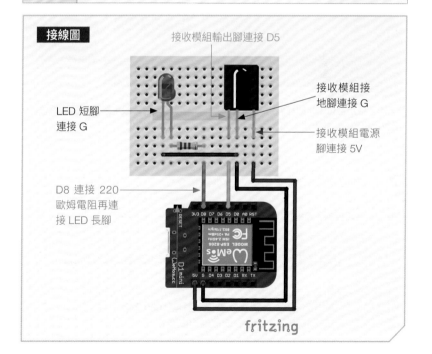

接收模組輸出腳連接 D5

LED 短腳
連接 G

接收模組接
地腳連接 G

接收模組電源
腳連接 5V

D8 連接 220
歐姆電阻再連
接 LED 長腳

fritzing

設計原理

使用序列通訊查看套件內附的紅外線遙控器按鈕指令，選擇其中兩個按鈕作為 LED 燈的開關按鈕。

Flag's Block 設計原理

啟用紅外線接收模組後，判斷是否接收到紅外線指令，如果接收到就透過序列通訊傳送到電腦觀看。

1 在設定積木加入序列通訊積木、啟用紅外線模組的積木、設定 D8 腳位為低電位：

1 加入**流程控制 / SETUP 設定**積木　　**3** 更改為 **115200** 的 bps

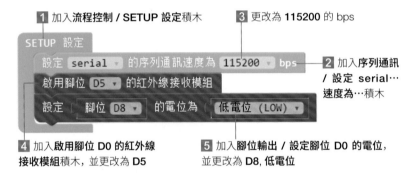

2 加入**序列通訊 / 設定 serial…速度為…**積木

4 加入**啟用腳位 D0 的紅外線接收模組**積木，並更改為 **D5**

5 加入**腳位輸出 / 設定腳位 D0 的電位**，並更改為 **D8, 低電位**

2 在主程式積木判斷是否接收到紅外線指令：

1 加入**流程控制 / 如果**積木

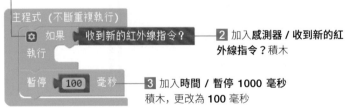

2 加入**感測器 / 收到新的紅外線指令？**積木

3 加入**時間 / 暫停 1000 毫秒**積木，更改為 **100 毫秒**

3 如果收到紅外線指令則以序列通訊送出：

1 加入**序列通訊 / serial 以序列通訊送出** 積木

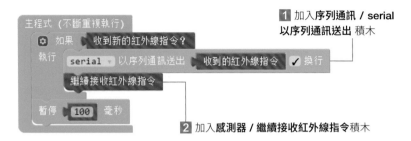

2 加入**感測器 / 繼續接收紅外線指令**積木

4 拿出套件內附的遙控器對著紅物線接收模組按按鈕，並打開序列埠監看視窗查看 (忘記請參考**第 6 章**)：

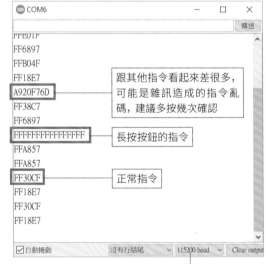

跟其他指令看起來差很多，可能是雜訊造成的指令亂碼，建議多按幾次確認

長按按鈕的指令

正常指令

更改為 **115200**

⚠ 使用內附遙控器時記得將電池隔紙移除

5 我們使用按鈕數字 1 (指令 **FF30CF**) 與按鈕數字 2 (**FF18E7**) 作為 LED 燈的開關按鈕,將判斷式加在**繼續接收紅外線指令**積木之前:

1 加入**流程控制 / 如果**積木,點擊齒輪,加入**否則如果**小積木

2 判斷紅外線指令是否等於 **FF30CF**

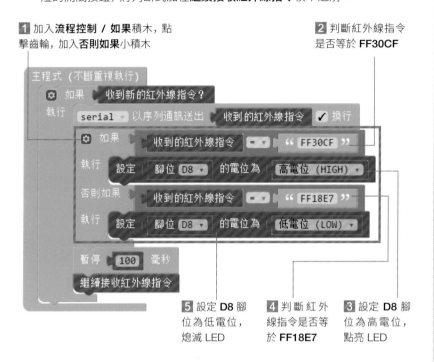

5 設定 **D8** 腳位為低電位,熄滅 LED

4 判斷紅外線指令是否等於 **FF18E7**

3 設定 **D8** 腳位為高電位,點亮 LED

6 學會如何查看紅外線指令後,拿屬於 NEC 協定家電的遙控器對著紅外線接收模組發送指令,記下某些指令,稍後 LAB07_B 要使用到:

筆者用 EPSON 的投影機遙控讀出的指令,建議同一顆按鈕多按幾次,重複性最高的指令較為正確

Lab07-B

實作 **雲端遙控器**

因讀者家電情況不一,須採用 NEC 格式的遙控器。本範例實驗性較高,不一定每一個讀者都能成功控制家電

實驗目的	1. 透過 MQTTBox 發送主題與內容 2. 使用紅外線發射模組發送紅外線指令 3. D1 mini 訂閱主題與內容,根據內容發出對應的紅外線指令
材料	● 紅外線發射模組 x 1　● D1 mini x 1 ● 電晶體 2N2222 x 1　● 麵包板 x 1 ● 1K 歐姆電阻 x 1　● 杜邦線若干

⚠ 如果家裡沒有 NEC 的遙控器,也可以透過此實驗練習 MQTTBox 與 D1 mini 互相溝通

接線圖

電晶體 E 接腳連接 G

電晶體 C 接腳連接 紅外線發射模組短腳

紅外線發射模組長 腳連接 3V3 腳位

電晶體腳位 (平面 N 朝前)

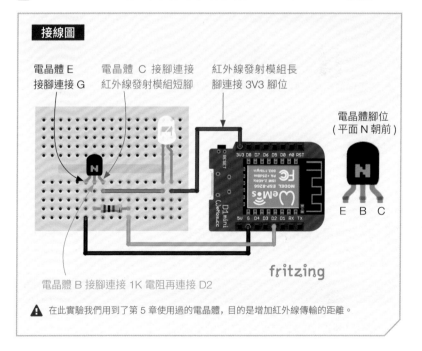

E B C

電晶體 B 接腳連接 1K 電阻再連接 D2

⚠ 在此實驗我們用到了第 5 章使用過的電晶體,目的是增加紅外線傳輸的距離。

● 設計原理

使用 MQTTBox 發送主題，D1 mini 訂閱主題收到內容後，依據內容而發出對應的紅外線指令。

● Flag's Block 設計原理

1 設定序列通訊速度並連上 WiFi：

2 決定要使用哪個腳位啟用紅外線發射模組：

↑ 此積木接於步驟 1 積木的最下方

1 加入**感測器 / 啟用腳位 ..** 的**紅外線發射模組**積木

2 更改為 **D2**

3 加入**物聯網 / 啟用網址…**的 **MQTT 服務**：

↑ 此積木接於步驟 2 積木的下方

用此網址 (埠號：1883) 作為 MQTT 中間人伺服器

4 設定當接收到 MQTT 訊息時，要執行的函式：

↑ 此積木接於步驟 3 積木的下方

使用 **無可用函式** **函式接收 MQTT 訊息**

由於還未建立此函式，故無選項可選

5 建立當接收到 MQTT 訊息時，要執行的函式，先將新訊息的主題與內容以序列通訊送至電腦監控視窗查看：

1 加入**函式 / 定義函式**積木，命名為取得遠端指令

4 點擊齒輪增加一個項目

5 加入 **ESP8266 物聯網 / 新訊息的主題**積木

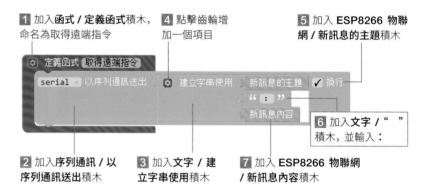

6 加入**文字 / " "** 積木，並輸入：

2 加入**序列通訊 / 以序列通訊送出**積木

3 加入**文字 / 建立字串使用**積木

7 加入 **ESP8266 物聯網 / 新訊息內容**積木

6 判斷若新訊息為文字 **A**，則送出 NEC 格式紅外線指令：

↑ 此積木接於步驟 5 積木的最下方

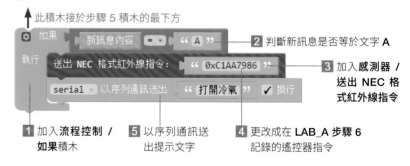

2 判斷新訊息是否等於文字 **A**

3 加入**感測器 / 送出 NEC 格式紅外線指令**

1 加入**流程控制 / 如果**積木

5 以序列通訊送出提示文字

4 更改成在 **LAB_A 步驟 6** 記錄的遙控器指令

⚠ 要送出的紅外線指令前方要加上 **0x**

7 在**主程式**積木中，加入一判斷積木，若尚未連上 MQTT 伺服器，則嘗試連上，並加入處理 MQTT 的請求的積木：

3 加入**物聯網 / 已連上 MQTT 伺服器？**積木

2 加入**邏輯 / 非**積木

1 加入**流程控制 / 重複當 ... 執行**

4 加入**物聯網 / 處理 MQTT 的請求**積木

⚠ 如果沒有連上 MQTT 伺服器，程式會在這個區塊中不斷循環，類似我們連接 WiFi 的處理手法。

8 連上 MQTT 伺服器：

2 點選齒輪，增加否則小積木

4 輸入名稱：**LAB07Clinet**

3 加入 **ESP8266 / 以名稱… 連上 MQTT 伺服器**，並右鍵選擇多行顯示。若連上則傳回真

1 加入**流程控制 / 如果**積木

9 若連接成功，則訂閱主題：

↑ 此積木連接於**步驟 8 的執行**區塊

1 加入**序列通訊 / 以序列通訊送**積木，並輸入**已經連上 MQTT 伺服器**

3 輸入主題 **LAB07_B**

2 加入 **ESP8266 物聯網 / 訂閱 MQTT 主題**

10 若連接失敗，則用序列通訊提示未連上：

↑ 此積木連接於**步驟 8 的否則**區塊

11 函式積木建立完成後，即可完成在步驟 4 尚未設定的動作：

更改為函式**取得遠端指令**

12 完成積木後，上傳程式並打開電腦序列埠監控視窗，同時開啟 MQTTBox 發佈主題：

在序列監控視窗可以看到收到主題 LAB07_B 與內容 A，並發出紅外線指令

1 輸入要發佈的主題：**LAB07_B**

2 輸入主題內容：**A**

　　讀者可以自行擴充內容來對應遙控器的功能，將紅外線發射模組對準家電設備即可透過 MQTTBox 遠端控制囉！

CHAPTER 08

大數據 Line 氣象廣播站

出門是否要帶傘？明天天氣會不會轉涼？懶得打開氣象網站搜尋天氣資料了嗎？ D1 mini 將化身成小助理，把你想知道的資訊通通 Line 給你！

本章將透過 D1 mini 去擷取中央氣象局網站的開放資料 (36 小時的天氣情況)，然後再透過第 6 章使用過的 IFTTT 功能，用 Line 發送給你。

8-1 資料擷取

還記得**第 2 章**我們向 D1 mini 發出『請求』取得 LED 燈的開關狀態嗎？要取得中央氣象局網站上提供

的資料也是這樣的做法。向網站發出它們所規定好的請求路徑格式，即可拿到想要的資料：

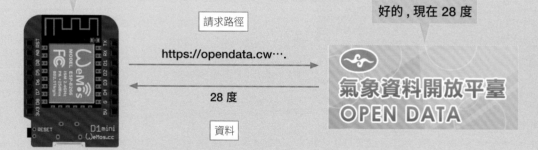

8-2 中央氣象局

中央氣象局提供會員許多有關氣象的資料，透過發送請求即可拿到這些資料，本章節想要拿到臺北

市 36 小時的氣溫資訊。接下來將介紹如何使用這個網站：

1 到氣象資料開放平台 (https://opendata.cwb.gov.tw/index) 註冊為會員:

1 點選首頁右上方的**登入 / 註冊**

2 點選**氣象會員登入**

3 點選**加入會員**並在下個畫面點選**同意**

4 輸入會員資料 (注意密碼有格式規定), 完成後按**送出**

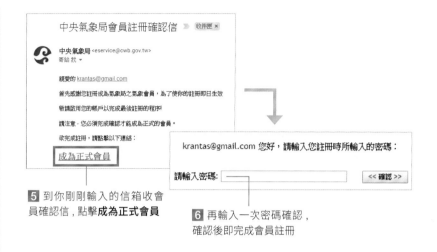

5 到你剛剛輸入的信箱收會員確認信, 點擊**成為正式會員**

6 再輸入一次密碼確認, 確認後即完成會員註冊

2 成為會員後, 你應該會看到 API 授權碼畫面, 如果沒有就點選**會員資訊**並點選 **API 授權碼**:

1 點選**取得授權碼**

2 將授權碼複製起來保存好, 稍後會用到

3 接著點選**開發指南**, 然後點選**資料擷取 API 線上說明文件**

4 點選**預報**項目的第一項**一般天氣預報 - 今明 36 小時天氣預報**

5 點選右邊的 **Try it out**

6 在**氣象開放資料平台會員授權碼**輸入剛才取得的授權碼

Authorization * required
string
(query)

氣象開放資料平台會員授權碼

CWB-234B6A55-6716-4A74-A726-E7D8A71741CF

format
string
(query)

回傳資料格式, 預設為 json 格式

JSON

7 在下面的**回傳資料格式**選擇 **JSON**

locationName
array [string]
(query)

臺灣各縣市, 預設為回傳全部縣市

澎湖縣
金門縣
連江縣
臺北市
新北市

8 選擇你要的**縣市** (1 個)

9 按住 Ctrl 鍵不放, 選擇**天氣因子**的 **CI**, **MinT** 和 **MaxT** (36 小時氣象資料還可傳回天氣現象 (Wx) 與降雨機率 (PoP), 使用者可添加這些參數來取得這些資料, 不過本章只選擇舒適度 (CI)、最低溫 (MinT) 和最高溫 (MaxT)。資訊每 6 小時更新 1 次。)

elementName
array [string]
(query)

天氣因子, 預設為全部回傳

PoP
CI
MinT
MaxT

10 按 API 展開畫面最底下的 **Execute** (執行)

timeTo - 時間區段, 根據內容可顧需要之時間區段, 時

Execute

Responses | Response content type | application/json

Code | Description
200 | OK

11 這時可以看到呼叫 API 會傳回的 JSON 格式資料

Responses | Response content type | application/json

Curl

curl -X GET "https://opendata.cwb.gov.tw/api/v1/rest/datastore/F-C0032-001?Authorization=CWB-234B6A55-6716-4A74-A726-E7D8A71741CF&format=JSON&locationName=%E8%87%BA%E5%8C%97%E5%B8%82&elementName=CI,MinT,MaxT" -H "accept: application/json"

Request URL

https://opendata.cwb.gov.tw/api/v1/rest/datastore/F-C0032-001?Authorization=CWB-234B6A55-6716-4A74-A726-E7D8A71741CF&format=JSON&locationName=%E8%87%BA%E5%8C%97%E5%B8%82&elementName=CI,MinT,MaxT

Server response

12 將上面 **Request URL** 內的網址複製和保存起來, 這就是你在稍後的 Lab 要用 D1 mini 發送請求的位址。

https://opendata.cwb.gov.tw/api/v1/rest/datastore/F-C0032-001
?Authorization= 你的授權碼
&format=JSON
&locationName= 臺北市
&elementName=CI,MinT,MaxT

8-3 JSON 資料格式

　　網站回傳的資料看起來密密麻麻的, D1 mini 拿到這些資料後, 要怎麼找到舒適度、最高溫與最低溫傳給我們的 Line 呢?

　　其實這樣的格式是一種稱為 **JSON** 的資料格式, 資料像是被一層一層的文件夾分類儲存起來, 而儲存的結構分成物件與陣列兩種。

■ 物件 (object)

大括號 { } 包起來的是物件，括弧內用**名稱：值**形式表示一組資料，一個名稱對應一個值。例如：

物件中的值也可以是一個物件：

透過一些解析 JSON 資料的網站可以幫助我們觀察資料結構，將物件複製貼到網站 http://json.parser.online.fr/：

我們可以透過指定 **JSON 節點**，取得臺北市的最低溫。像是找到一層一層資料夾中的資料，稍後我們將講解如何透過積木來取得節點的資料：

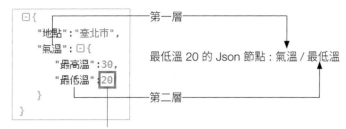

氣溫資料夾中的**最低溫**資料夾存著 **20**

■ 陣列 (array)

用 [ ] 中括弧包起來的是陣列，方便儲存一些同概念的資料。裡面的個別元素用 "," 隔開。每個資料項目用**索引號**代表位置，由 **0** 開始算起，例如若要取得第 3 個元素資料高雄，要指定陣列索引號為 2：

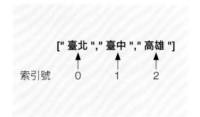

陣列資料也可以作為物件裡的值：

63

8-4 使用 Flag's Blcok 積木解析 JSON 格式資料

向中央氣象局發出請求成功後，我們可以從 **HTTP GET 回應內容**積木中拿到資料：

先將這些資料進行解析：

解析後便可以透過指定 JSON 節點來取得項目資料：

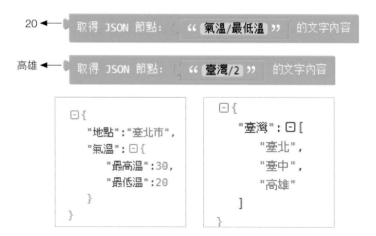

我們來實際看看從中央氣象局取得的 JSON 資料結構，將資料貼到 JSON 解析網站，解析出來的結構有非常多層級，我們會邊解說層級邊紀錄存放資料的 JSON 節點：

1 將手動發出請求得到的資料複製貼到 http://json.parser.online.fr/ 網站

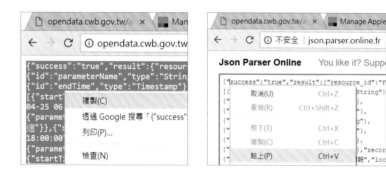

2 點選 ⊟⊟ 符號可以收起層級，藍色為物件，紅色為陣列，我們先將所有層級收起：

```
"elementName":"MaxT",
"time":⊟[
    ⊟{
        "startTime":"2018-04-24
        12:00:00",
        "endTime":"2018-04-24
        18:00:00",
        "parameter":⊟{
            "parameterName":"23",
            "parameterUnit":"C"
```

全部收起 → ⊞ { ... }

整個資料是一個大物件

3 點開第 1 層可以看到裡面有 3 個名稱與值，其中名稱 **records** 的值又是 1 個物件，我們要的資料紀錄在裡面：

```
{
    "success":"true",
    "result": {…},
    "records": {…}
}
點開 +
```

JSON 節點：records

4 點開後可以看到裡面有 2 個名稱，我們要的資料在 **location**，它的值是 1 個陣列 (紅色)，數字 1 代表陣列只有 1 個元素：

```
"records": {
    "datasetDescription":"三十
    六小時天氣預報",
    "location": [1]
}
點開 +
```

JSON 節點：records/location

5 因為陣列元素只有 1 個，所以節點就選 0。陣列元素是 1 個物件：

```
"records": {
    "datasetDescription":
    "三十六小時天氣預報",
    "location": [
        {…}
    ]
}
點開 +
```

JSON 節點：records/location/0

6 點開陣列中的物件後，裡面有 2 個名稱，我們的資料在 **weather Element**，裡面放的是有 3 個元素的陣列：

```
"location": [
    {
        "locationName":"臺北
        市",
        "weatherElement": 點開 +
        [3]
    }
]
```

JSON 節點：
records/location/0/weatherElement

7 還記得我們在請求路徑中索取**最高溫**、**最低溫**、**舒適度**三個天氣資訊嗎？陣列中的這 3 個元素就是分別紀錄這 3 種資料的物件，我們講解第 2 個物件 (索引號置為 **1**)，其餘兩個以此類推：

```
"weatherElement": [
    {…},
    點開 +   {…},
    {…}
]
```

JSON 節點：
records/location/0/weatherElement/1

8 點開後可以看到名稱 **elementName** 的值為 **CI**，這是紀錄**舒適度**的物件；另一個名稱 **time** 的值是一個陣列，陣列中有三個元素，因為中央氣象局把 36 小時天氣資訊分成各 12 小時三等份，每個 12 小時都有一個最低溫，我們看第一個近 12 小時資訊 (陣列位置為 **0**)，其餘以此類推：

```
"elementName":"CI",
"time": [
    點開 +   {…},
    {…},
    {…}
]
```

JSON 節點：
records/location/0/
weatherElement/1/time/0

9 我們可以從物件中拿到著舒適度資訊：

```
"time": [
    {
        "startTime":"2018-04-
25 12:00:00",
        "endTime":"2018-04-25
18:00:00",
        "parameter": {
            "parameterName":"
            稍有寒意至舒適"
    }
```

稍有寒意至舒適

JSON 節點：
records/location/0/weatherElement/1/
time/0/parameter/parameterName

稍後 LAB 中，我們就可以用積木取得節點資料：

取得 JSON 節點： " records/location/0/weatherElement/1/time/0/param... " 的文字內容

稍有寒意至舒適   輸入 JSON 節點

8-5 IFTTT 的 Line 服務

發出請求取得 JSON 資料，將取得的 JSON 資料解析出我們要的部分後，下一件事就是將這些資料透過 IFTTT 的 Line 服務傳送。第 6 章我們已經使用過了 IFTTT 的 Mail 服務，在這一章我們將學習如何使用 Line 服務。

我們在第 6 章已經創建好 IFTTT 帳號了，在這裡我們直接到 IFTTT 首頁登入帳號，開啟 Line 服務：

1 在 IFTTT 網站登入後，點選使用者圖示，然後選 Create

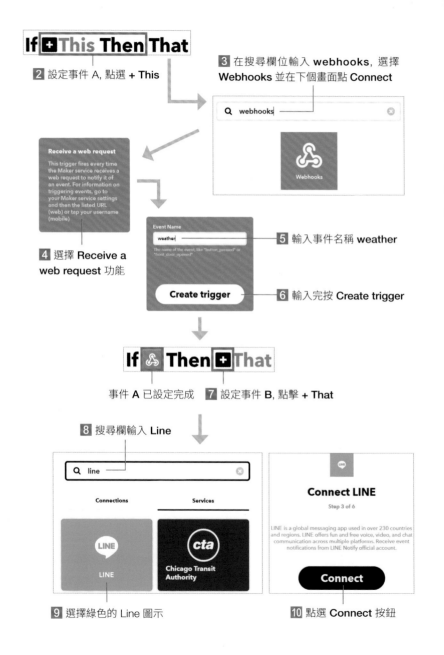

2 設定事件 A, 點選 **+ This**

3 在搜尋欄位輸入 webhooks, 選擇 Webhooks 並在下個畫面點 Connect

4 選擇 Receive a web request 功能

5 輸入事件名稱 weather

6 輸入完按 Create trigger

事件 A 已設定完成   **7** 設定事件 B, 點擊 **+ That**

8 搜尋欄輸入 Line

9 選擇綠色的 Line 圖示

10 點選 Connect 按鈕

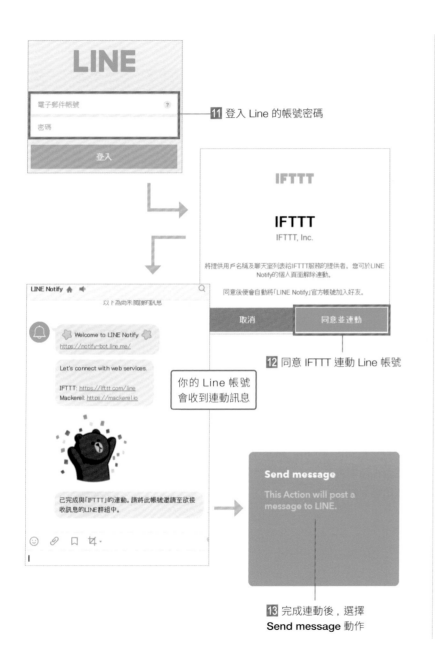

11 登入 Line 的帳號密碼

12 同意 IFTTT 連動 Line 帳號

你的 Line 帳號
會收到連動訊息

13 完成連動後,選擇
Send message 動作

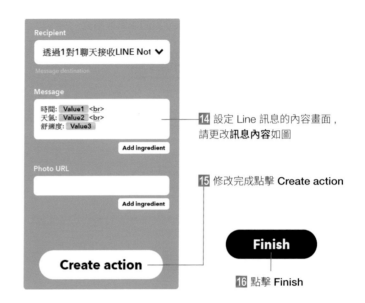

14 設定 Line 訊息的內容畫面,
請更改**訊息內容**如圖

15 修改完成點擊 Create action

16 點擊 Finish

看到如下畫面即完成,接下來我們要試試手動發出請求給 IFTTT 網站,讓它發一個 Line 訊息給我們:

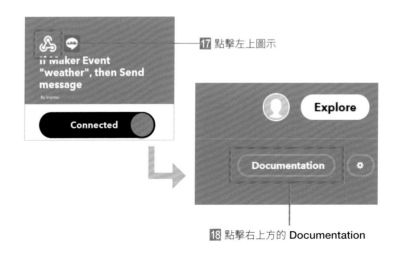

17 點擊左上圖示

18 點擊右上方的 Documentation

Documentation 頁面中，可以看到我們的 **key** 與**請求路徑格式**：

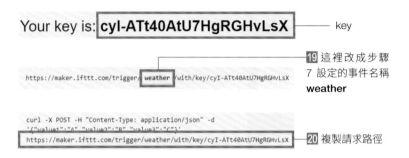

Your key is: **cyI-ATt40AtU7HgRGHvLsX** ── key

https://maker.ifttt.com/trigger/ weather /with/key/cyI-ATt40AtU7HgRGHvLsX

19 這裡改成步驟 7 設定的事件名稱 **weather**

```
curl -X POST -H "Content-Type: application/json" -d
'{"value1":"A","value2":"B","value3":"C"}'
https://maker.ifttt.com/trigger/weather/with/key/cyI-ATt40AtU7HgRGHvLsX
```

20 複製請求路徑

⚠ 有時候網站可能會不定期改變使用者的 key，若發生原本可以正常使用，過一段時間後卻無法正常運作，請檢查看看 key 是否改變了。

在請求路徑後可以加入參數名稱與內容，夾帶資訊到 Line 訊息中，總共可以夾帶 3 個參數，參數名稱固定為 value1，value2，value3，之間用 **"&"** 隔開：

https://maker.ifttt.com/trigger/weather
/with/key/ 你的 key
?value1=A**&**value2=B**&**value3=C

3 請求路徑加上 "?" 再加上參數　　**4** 夾帶參數內容為 A、B、C

Message
時間: Value1 \<br\> ── A
天氣: Value2 \<br\> ── B
舒適度: Value3 ── C

← → C 🔒安全 | https://maker.ifttt.com/tri

Congratulations! You've fired the weather event

5 將完整請求路徑貼到瀏覽器網址列中發送請求

🔔 【IFTTT】時間: A
溫度: B
舒適度: C

下午 2:46

稍後 Lab 中我們將透過 D1 mini 來發送這個請求，並將天氣資訊夾帶到這些參數中發送到 Line。

Lab08

實作 **Line 氣象廣播站**

實驗目的	1. 擷取中央氣象局的開放資料
	2. 解析 JSON 資料格式
	3. 透過 IFTTT 將天氣資訊傳到 Line
材料	D1 mini x 1

⚠ 此實驗只需將 D1 mini 連接到電腦

■ 設計原理

D1 mini 擷取並解析了中央氣象局資料後，將資料透過 IFTTT 的 Line 服務傳送到 Line。

■ Flag's Block 設計原理

連上 WiFi 後，對中央氣象局發出請求，取得臺北市 36 小時的天氣資訊的 JSON 格式資料。由於篇幅有限，解析 JSON 資料後，程式碼只講解如何擷取現在時間往後 12 小時的舒適度並傳送到 Line，完整 36 小時資訊的程式碼請參考範例程式。

1 在 **SETUP 設定**積木中設定 WiFi 連線 (可以參考前面章節)：

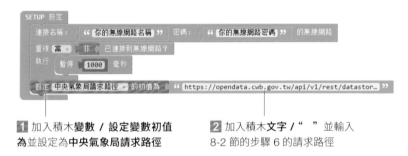

2 設定變數為對中央氣象局的請求路徑：

1 加入積木**變數 / 設定變數初值**
為並設定為**中央氣象局請求路徑**

2 加入積木**文字** /" " 並輸入
8-2 節的步驟 6 的請求路徑

3 在主程式積木中對中央氣象局發出請求。如果成功，將取得的回應資料
進行 JSON 格式解析：

1 可以參考 **LAB04** 說明

2 加入**資料格式 / 解析**
JSON 格式文字積木

3 加入 **ESP8266 無線網路 /**
HTTP GET 回應內容積木

4 判斷是否解析成功：

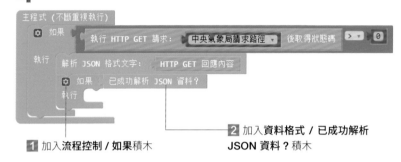

1 加入**流程控制 / 如果**積木

2 加入**資料格式 / 已成功解析**
JSON 資料？積木

5 解析成功後，從**舒適度**的 JSON 節點取得資料並設定給變數：

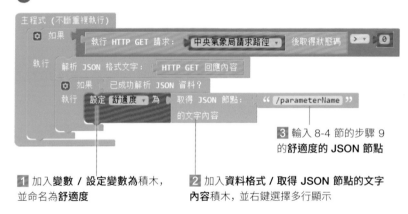

3 輸入 8-4 節的步驟 9
的**舒適度**的 JSON 節點

1 加入**變數 / 設定變數為**積木，
並命名為**舒適度**

2 加入**資料格式 / 取得 JSON 節點的文字**
內容積木，並右鍵選擇多行顯示

6 使用字串組合積木：

1 加入**文字 / 建立字串使**
用積木

2 點選左上角齒輪

3 將左邊項目往右拉接上

7 將**舒適度**進行 URL 編碼後加進 value3 參數中，一起建立成 IFTTT 請求路徑 (參考 8-5)：

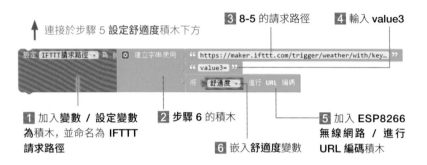

↑ 連接於步驟 5 設定舒適度積木下方

3 8-5 的請求路徑　　**4** 輸入 value3

1 加入變數 / 設定變數為積木，並命名為 **IFTTT 請求路徑**

2 步驟 6 的積木

6 嵌入**舒適度**變數

5 加入 ESP8266 無線網路 / 進行 URL 編碼積木

⚠ 請求路徑中如有空白或中文，都需經過 URL 編碼，才能發出正確請求

8 完成 IFTTT 請求路徑後，即可發出請求。成功發出請求後，暫停 10 秒：

↑ 連接於步驟 7 設定 **IFTTT 請求路徑**積木下方

9 完成以上積木後，上傳程式即可收到 Line 訊息如下：

🔔 【IFTTT】時間:
溫度:
舒適度: 稍有寒意至舒適

我們沒有傳送時間跟溫度資訊，完整版請參考範例程式

本套件的範例程式皆為於 Flag's Block 開發環境的功能表 / 範例之中：

1 開啟功能表

2 開啟範例　　**3** 開啟物聯網範例程式